誤解だらけの遺伝子組み換え作物

小島正美［編］

Masami Kojima
Nozomu Koizumi
Hideaki Karaki
Yuki Sasakawa
Yoshimasa Miyai
Yasushi Onodera
Emi Gamo
Maki Morita
Tatsuo Nakajima
Morio Hibino
Yuko Hirasawa
Yoichi Yonetani
Kazuhito Oda
Eiko Nakano
Steve Savage
Kavin Senapathy

Karl Haro von Mogel
Kevin Folta
Anastasia Bodnar
Brian Scott
Jake Leguee
Mike Bendzela
Neal Carter
Julee K
Michael Simpson

Alan McHughen
Cami Ryan
Ramez Naam
Marc Brazeau
Keith Kloor
Fourat Janabi

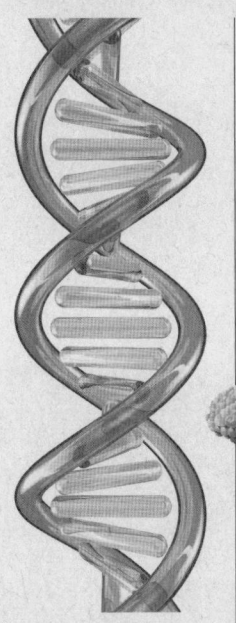

Genetically Modified Organism

エネルギーフォーラム

誤解だらけの
遺伝子組み換え作物

目次

I部
なぜ誤解はいつまでも続くのか？　5
―― 遺伝子組み換え作物に関する論争

小島正美

II部
日本ではなぜ理解が進まないのか？　49

1章　遺伝子組み換え作物とは何か？　50
　品種改良は遺伝子の変化　小泉望　51
　発がん性試験の不備　唐木英明　65
　研究者と市民の橋渡し役　笹川由紀　70

2章　生産者と消費者の目　76
　なぜGM作物に興味を持つのか　宮井能雅　77
　GM作物は北海道に有益　小野寺靖　85
　現場を知る・知らせることの大切さ　蒲生恵美　90
　教科書副読本に見るGM作物の誤解　森田満樹　96

3章　記者たちはどう見ているのか？　101
　理解進まぬアメリカの現状　中島達雄　102
　米国とフィリピンの現状をレポート　日比野守男　109
　現実を知って考えよう　平沢裕子　126
　漠然とした不安をどう考えるか　米谷陽一　130
　冷蔵庫から眺める日本の「食」事情　小田一仁　133
　「自覚なき消費、実態なき不安」って、なんだかヘン　中野栄子　139

III部
遺伝子組み換え作物の真実
The Lowdown on GMOs　　147

序章　つくり話からの解放　カール・ハロ・フォン・モーゲル　148

1章　遺伝子組み換え作物は怖くない　アラン・マクヒューゲン　153

2章　21の問い　フォーラット・ジャナビ　161
　分子生物学者、ケビン・フォルタ氏との一問一答　164
　家族経営の農業生産者、ブリアン・スコットさんとの一問一答　175
　バイオテクノロジー企業の経営者、ニール・カーター氏との一問一答　182

3章　人間の進化と遺伝子の移動　195
　遺伝子組み換え作物を栽培する理由　ジェイク・ラーギュー　196
　遺伝子組み換え作物を知る　マイク・ベンジーラ　200
　あらゆる生物は遺伝子を持つ　アナスタシア・ボドナー　211
　遺伝子組み換え作物は収量が高いか　マイケル・シンプソン　217

4章　巨大企業と表示の義務化論争　223
　遺伝子組み換え作物のウソが魅力的なわけ　カミ・リアン　224
　有機論者が遺伝子組み換え作物を好む理由　ラメズ・ナム　228
　科学は私たちを笑っている　ジュリー・ケイ　235
　表示の義務化に反対する根拠　マーク・ブラジアウ　240
　心やさしい親は遺伝子組み換え作物に賛成　カビン・セナパシー　250
　巨大企業とバイオテクノロジーの将来　スティーブ・サバージ　254

5章　科学をゆがめているのは誰か?　262
　遺伝子組み換え反対は気候変動懐疑論者　ケイス・クロー　263
　生物の進化は組み換えの歴史　フォーラット・ジャナビ　270

I部 なぜ誤解はいつまでも続くのか?
——遺伝子組み換え作物に関する論争

小島正美(毎日新聞記者)

はじめに

　なぜ、この本を世に出すのか。
　それは、大半の人が遺伝子組み換え作物の実態をよく知らないからだ。でも、本当のことを言えば、私自身も以前はよく知らなかったことを告白したい。
　その意味でまず初めに、私自身の体験を語ることから始めよう。

左派的な市民団体に共感

　実は、この原稿を贖罪（罪滅ぼし）に近い意識で書いている。なぜ、あえて大げさな贖罪という言葉を使うのか。実は2001年まで私は遺伝子組み換え作物のマイナス面ばかりを書いていた。
　つまり、「組み換え作物を栽培しても、農薬の使用量は逆に増える」とか「組み込む遺伝子が、どこに入るか分からず、未知の物質ができたらどうするのか」とか、とにかく不安をあおるような内容ばかりを書いていた。そのせいか、ネットでは常に不安をあおる記者として、(おそらくバイオ企業から) 批判を浴びていた。しかし、親しかった市民団体の人からは「バイオ企業から批判されるのは、記者として勲章ものです」などと励まされていた。
　こんな私に予想外の転機が訪れた。忘れもしない2002年秋のことだ。知り合いから、いきなり電話があり、「米国で栽培されている組み換え作物を視察するツアーに行かないか」と誘われたのだ。そのツアーに行くはずだった他社の記者が急に行けなくなり、ピンチヒッターで私に声がかかった。費用は先方 (民間の調査研究所) 持ちと聞き、一度、現場を見ておくのも悪くないと思い、行くことにした。
　考えてみれば、恥ずかしいことに、それまで私は一度も組み換え作物の現場を見ることなく、マイナス面ばかりを書いていた。つまり、左派的な

市民団体に共感し、市民団体が用意した資料やデータを基に記事を書いていたわけだ。

では、なぜ市民団体に親近感をもっていたかといえば、良い記者（カッコよい記者）というものは、「市民（または弱者）の視点に立つこと」と「市民の共感を得ること」の２つが重要だと考えていたからだ。

思えば、私の父は共産党員（地方公務員）だったので、高校生のころから、「資本主義は悪い制度なので、労働者が主役の社会主義に変えねばならない」とずっと思っていた。大学に入ったあとの１年間は、学生運動に熱をあげ、よくデモに参加した。新聞社を受けたのも、資本主義の手先ともいえる民間企業で働くことに抵抗があったからだ。

そんな経過があって、いわゆる左派的な市民団体には最初から親近感があった。いま振り返ると、組み換え作物のマイナス面ばかりを書いていても、少しも違和感を覚えなかったのは、そういう過去があったからだといえる。

米国の現場を見て転向

ところが、である。米国中西部の穀倉地帯であるネブラスカ州やアイオワ州の組み換え畑を見て、生産者から聞いた話は、私の予想を裏切ることばかりであった。どの生産者も異口同音に自信を込めて、次のように言い放った。

「除草剤は一度か二度まくだけだ。殺虫剤はゼロで済むし、農薬の使用量は明らかに減った。収量も増えた。殺虫剤を大量にまいていた過去に比べ、畑から川や地下水に流れ出る農薬の流出量は減り、環境には有益だ。労力が省かれ、生活に余裕ができた」

自分の思い描いていた構図とは正反対の事実を見て、少々面食らった。大きな衝撃だった。しかし、私は事実を伝える使命をもつ記者の端くれ。帰国したら、見たものをちゃんと記事にしようと決めた。

真実を知ったことが私の心を変えたのである。

　帰国して、2002年10月、米国からのレポートとして、3回の連載記事を書いた。そうしたら、市民団体から、「本当か？」「だれからお金をもらって書いたのか」とすぐに抗議が来た。確かに自腹を切って行ったわけではないが、米国の農業生産者約10人の話は、しっかりしたデータを交えた話だし、真実に思えた。

　もっとも、私が取材した生産者たちの多くは、当時はまだ組み換え作物のメリットに確信がもてず、疑心暗鬼の気持ちも抱いていた。GM（genetically modifiedの略で組み換えの意味、最近はgenetically engineeredともいわれる）作物の栽培が1996年に始まってから、6年ほどしかたっていなかったからだ。まだ確信のもてない生産者たちは自分の畑のうち、とりあえず3〜4割を組み換え大豆や組み換えトウモロコシにし、残りの部分は組み換えでない（非GM）ものを植え、どちらがよいか、収量などを比べていた。

　どちらにせよ、それまで私の抱いていたGM作物へのイメージが真実と相当にかけ離れていたのは確かだった。

組み換え作物のメリットは明白

　その後、2004年と2006年にも米国の取材に出かけた。2007年にはスペインにも行った。スペインでは害虫に強い組み換えトウモロコシを栽培していた農家たちに会った。ひげを生やした男性のミトヤウスさんは言った。

　「農薬の使用量が減った。収量も増えた。いいことばかりだ。環境保護団体のグリーンピースが反対にやって来ても、ちっとも怖くない。もし反対に来たら、おれたちの生活を補償してくれるのかと言ってやるよ」

　その話の中身は米国の生産者と全く同じだった。

　2004年、そして2006年に米国を訪れたときは、組み換え作物の面積はさらに増えていた。自分の畑を100%、組み換えにしていた農家もいた。

　そのころ、組み換え作物に反対する海外の学者（女性）が日本に来て、

記者会見を開いた。その席で学者は「農民は巨大企業にだまされている。農民は値段の高い組み換え(GM)種子を買わされ、巨大企業に搾取されている」と言った。

しかし、私にはピンとこなかった。

農民はほんとうに企業のいうがままに搾取されるほど愚かな存在なのだろうか。

害虫に強いBtコーンを栽培するスペインのミトヤウスさん。「メリットがあるから植えるんだ」と強調した(2007年)

確かに組み換え種子の価格は、従来の組み換えでない種子より高い。開発企業の知的特許料が含まれているからだ。しかし、考えてみればすぐに分かるように、もし農民が高い種子を買って栽培したあと、予想に反して、農薬の使用量が増え、収量も落ちたら、採算は悪化するはずだから、いつまでも、この高い種子を買い続けることはしないだろう。組み換え作物を栽培する農業生産者たちが世界中で増えているという厳然たる事実は、栽培することに経済的なメリットがあるからだ。

米国では、組み換え作物の栽培は1996年にスタートし、いまでは大豆、トウモロコシ、綿の9割以上が組み換えになっている。はたして農民がだまされ続け、損失を出し続けながら、10年以上も組み換え作物を植え続けるだろうか。組み換え作物の世界中の拡大は、メリットがなければ、絶対に起こりえない現象だ。

結局、私は2014年までに米国、ハワイ、スペイン、スイス、フィリピンと計8回の海外取材をした。もはや組み換え作物に大きなメリットがあるのは動かしようのない事実だと確信した。

ハワイの組み換えパパイヤは農民を救った

　特に印象に残るのは、ハワイでウイルスに強い組み換えパパイヤを栽培している農家だった。ハワイでは1990年代半ば、ウイルスによる病気（パパイヤ輪斑病）でパパイヤ畑は壊滅寸前に追い込まれた。それを救ったのが、病原性の弱いウイルスのDNA断片を挿入（RNA干渉）してつくり出した組み換えパパイヤだった。

　この組み換え技術は、パパイヤがウイルスに免疫を獲得するもので、人間でいえば、天然痘の予防接種に似た方法だ。ハワイ出身のデニス・ゴンザルベスという名の学者が中心になってつくり出した。

　この組み換えパパイヤは農家の窮状を救った称賛すべきテクノロジーである。ウイルスに犯されずに済み、パパイヤの味もよくなった。組み換えパパイヤの値段は私が取材した2008年当時、1個約1〜1.5ドルだった。私は取材先のスーパーで何度も買って、1日に2度も3度も食べた。そのおいしかったこと！　既にハワイで流通している8割近くは組み換えパパイヤだ。日本の観光客も間違いなく食べているだろう。

　組み換え遺伝子自体が含まれたパパイヤを既に延べ1億人以上が食べたことだろう。健康への影響は何も起きていない。

　日本でも2011年にやっと輸入が認められた。輸入の承認が遅れたのは、日本の食品安全委員会が安全性を厳しく審査したためだ。ところが、販売OKの許可が降りたのに、いまだ日本のスーパーでは販売されていない。どこかの店で販売すれば、おそらく反対運動が起きて、商品を撤去せざるを得ない事態に追い込まれるため、店が販売しようとしないのだ（私の推定）。

　なんと日本ではハワイ産の組み換えでないパパイヤが1個600〜1000円程度で売られている。GMパパイヤなら、もっと安くおいしく食べられるのに本当にもったいない話だ。

　今後、日本で組み換え作物が受け入れられるかどうかは、組み換えパパ

イヤがカギを握っていると思う。既にみんなが食べていて、安全なのは分かっている。組み換えパパイヤを開発したのは学者であり、巨大企業ではない。農民の窮状を救ったという点で地場産業の発展にも貢献した。安い価格で供給でき、しかもおいしいため、庶民にも歓迎される。

日本では扱う店がない遺伝子組み換えパパイヤ。ほんの一時期、外資系のコストコで扱っていたため、写真に収めた

　どれもこれも、いいことづくめだ。それでも、だれひとり日本の食料品店で扱おうとしない。それほどに「反対運動が起きてはまずい」という恐怖の空気が日本を覆っているのが現状である。もし東京のスーパーで売り出されたら、私は毎日でも買いに行くだろう。

小規模な農民にもメリット

　農業へのメリットの中で特に強調したいのは、フィリピンのような途上国の小規模な農家にも、経済的な収入の増加など大きなメリットがあることだ。

　フィリピンに関する詳しい報告は、日比野記者のレポートを参照してほしいが、私が訴えたいのは、零細な農民の多いフィリピンでの成功は、日本の小規模な農家の成功にもつながるということだ。

　もうひとつ知ってほしいことは、フィリピンでは米国のモンサントが種子販売のシェアを支配しているわけではないという事実だ。地元の種子販売会社の担当者に聞いたところ、最初（2002年ごろ）にモンサントが組み

換え種子（Btトウモロコシの種子）を売り始めたが、あとから参入したパイオニア（デュポン系列）が追い上げ、2014年時点ではパイオニアが約50％のシェアを占め、次いでスイスのシンジェンタが約2割のシェアを勝ち取り、モンサントは3位だった。

　資本主義のよいところは、よい意味で競争のあることだ。競合会社が複数いる限り、どんな巨大な会社でも、新製品の開発を怠れば、すぐに他社に追い抜かれる。消費者や農業生産者のニーズに応えた会社しか生き残れないのが資本主義だ。モンサントが長きにわたり、世界の種子を独占支配することなどありえない。仮に、ある一時点でモンサントがシェアを独り占めしたとすれば、それはトヨタでも、マイクロソフトでも同じことだが、農業生産者のニーズに合った製品を出したからに過ぎない。

　現に米国でも、組み換えトウモロコシのシェアは各社が拮抗している。私が会った米国の農家は「別にモンサントに義理があるわけではない。他社がよりよい種子を出してきたら、そちらの種子を買うだけだ」と言っていた。

　フィリピンの組み換え栽培で分かったことは、日本の農家と同じような、わずか数ヘクタールの規模の畑でも組み換え作物を栽培するメリットがあるということだ。4ヘクタールの畑で組み換えトウモロコシ（害虫にも除草剤にも強いスタックという組み換え品種）を栽培するフィリピンの男性は「以前は殺虫剤を2〜3回まいていたが、組み換え導入後は害虫バッタの退治に1回だけで済む。収入も増えた。さらに面積を

組み換え作物で収入が増えたと話すフィリピンの農家たち（2014年）

拡大する予定だ」と自信たっぷりに話した。

　つまり、北海道のようなところなら、組み換え作物を栽培するメリットは十分にあるということだ。

農水省の計画も頓挫

　世界を見渡せば、いろいろな企業が組み換え作物の研究開発に力を入れているが、残念ながら、日本は蚊帳の外だ。

　日本での組み換え作物の研究開発は、農林水産省の研究機関による研究を除き、ほぼ壊滅的なダウンを喫した。市民による反対運動、そして政府の後押しのなさで民間会社が次々に研究開発から撤退してしまったのだ。

　世界のバイオ企業は１社だけで年間、数百億円の研究開発資金を投じて、窒素肥料が少なくて済む組み換え作物、干ばつや塩害に強い組み換え作物など、さまざまな組み換え作物を生み出している。それに対し、日本では農水省がわずか数十億円の研究開発で対抗しているに過ぎない。まるで大人と子供の闘いだ。

　ただし、農水省も一時は元気な官僚がいた。2013年までに家畜の飼料向けに組み換えイネの野外栽培をするという計画を立てて張り切っていたが、先端テクノロジーが大嫌いな民主党の大臣や政務官の誕生で、組み換え作物の研究予算は大幅に削られ、その計画はついえた。課長クラスの官僚が組み換え作物の栽培計画を記した書類をもっていったら、大臣が「こんなくだらない計画を認めると思うか？」と怒った調子で、その書類を机の上にたたきつけたというから、当時の様子が分かるだろう。

　私が民主党の政務次官（女性）に取材したときも、「私は組み換え作物が嫌いですから」と言われたのには心底驚いた。

　こうして、日本の国ではもはや組み換え作物の研究開発すら、できなくなってしまった。

組み換え作物はちょっと成績のよい生徒

　ここまで組み換え作物への理解が遅れた背景には、組み換え作物自体へのゆがんだイメージもあるのではないかと思う。

　かつて組み換え作物は「自然の摂理に反するテクノロジー」とか「植物のフランケンシュタイン版」とか、不気味なイメージで見られていたが、私には、単なる新しいタイプの品種改良にしか見えない。それは現物を見れば分かる。害虫や乾燥などに強い遺伝子をひとつ、ふたつ入れたからといって、奇怪な形のスーパー植物が生まれるわけではない。畑に行けば、その外見は通常の大豆やトウモロコシと何ら変わらない。

　組み換え作物といったところで、たかが植物である。ちょっとした天候異変には弱いし、狙った害虫以外にも弱い。ひどい干ばつに襲われれば、すぐにしおれてしまう。いまは害虫に強いといっても、いずれは相手の害虫も組み換え作物に負けない抵抗性を獲得してくるだろう。

　車にたとえて言えば、ちょっとしたモデルチェンジに等しい。学校の成績にたとえれば、平均的な生徒と比べ、ある特定の科目の成績がちょっと良いだけの優秀な生徒に過ぎない。天才でも秀才でも何でもない。まして万能ではない。

　そのよい例が、除草剤のグリホサート（製品名ラウンドアップ）に耐性をもつ雑草の出現だ。グリホサート（アミノ酸の生成を阻害して枯らす）をまいても枯れない組み換え作物が広く普及したせいで、グリホサートが効かない雑草が生まれたという問題だ。除草剤が効かない問題は、組み換え作物が登場する以前からあったが、最近はもともと自然界にはグリホサートのような作用をもつ除草剤に強い植物（雑草）があるということも分かってきた。それにしても、グリホサート耐性だけの組み換え作物が広がり過ぎたという問題点はあるだろう（FOOCOM.NETの白井洋一氏の「農と食の周辺情報」参照。このコラムはGM作物の最新情報を得るうえで大変参考になる。ぜひ一読を）。

　このように組み換え作物はまだ改良の途上にある。ただ、現時点では従

来の作物に比べれば、農薬の使用量の削減や収量増加などのメリットがあるということに過ぎない。それならば、一度試しに組み換え作物を栽培してみようという農家が現れても不思議ではない。現にそういう農家が世界中で増えている。

現場を知らない記者が偏った情報を発信

　こういう事実が分かれば、もはや、だれだって組み換え作物のメリットを認めないわけにはいかないと思うが、それでも、いまだに日本では「農薬の使用が増える」とか「農民が巨大企業に搾取されている」とか、根拠のない神話が生きている。
　なぜ、こういう都市伝説みたいな言説が生き残るのか不思議でならないが、よくよく考えてみれば、それは当たり前かもしれない。
　過去の私がそうだったように、組み換え作物に関するニュースを発信する記者たちが、組み換え作物に関する正確な知識をほとんどもたず、知識不足に基づく偏った情報を流しているからだ。
　日本には新聞、テレビ、週刊誌の記者だけでも1万人以上いるだろうが、組み換え作物の現場を見たことのある記者は、おそらく30人以下だろう。肝心なニュースを伝える記者のほとんどが組み換え作物の現実をよく知らないわけだから、しっかりした情報が市民に届くことはありえない。偏っているのは、むしろメディア側の人間かもしれない。

農業生産者は選択の機会を奪われている

　今の私は、少なくとも全国の新聞社の中で、組み換え作物の現場を一番よく知っている記者の一人だと思っているが、かといって、私は組み換え作物の推進論者ではない。組み換え作物を栽培するかどうかは、あくまで農業生産者が決めることだ。

つまり、農業生産者が組み換え作物を栽培したいのであれば、その機会を奪ってはいけないというのが私のスタンスだ。
　ところが、現実は厳しい。組み換え作物の栽培を試したいと思っている農業生産者がいるのに、その機会が完全に奪われている。
　北海道や新潟をはじめ、多くの自治体が組み換え作物の栽培を事実上、禁止する条例をもうけている。これは農業生産者の選択を縛るものだ。多様な選択肢のない世界に地域の成長、発展は望めない。なぜ、自治体自らが率先して多様な機会を奪ってしまうような愚かな策をとるのか理解できないが、このままでは新しい芽は生産者からも企業からも出てこない。

長友勝利さんの遺志

　その意味でぜひとも歴史に残しておきたい事件がある。2003年7月、茨城県谷和原村（現在は、つくばみらい市）で起きた「組み換え作物引き抜き事件」。宮崎市の農業生産者、長友勝利さん（故人）らが谷和原村で試験的に栽培していた組み換え大豆畑（約20アール）がつぶされた事件だ。組み換え作物の栽培に反対する人たちが勝手に畑に侵入し、栽培中の大豆をトラクターで踏みつぶしてしまったのだ。
　もし私が他人の畑に勝手に侵入して作物を引き抜けば、犯罪者として検挙されるはずだ。当時、長友さんは警察に被害届けを出したが、結局、刑事事件にはならなかった。「バイオ作物懇話会」という団体を主宰していた長友さんは「なぜ、こんな暴挙が許されるのか。本当に悔しい」と嘆いていた。
　自分の気に入らないものを暴力でつぶすという行為が許されるはずもないが、同じような事件がまた起きないとも限らない。
　組み換え作物が日本の風土でも本当にメリットが得られるかどうかを真剣に模索していた長友さんはよく言っていた。
　「外国の巨大企業が開発した組み換え作物でなく、日本の土地柄に合っ

日本で栽培を試みた今は亡き長友勝利さん。2013年に米国人と交流した

た国産の組み換え作物がほしい。国産の組み換え作物なら、いくら反対運動があっても、自分の生活を守るために国が認めた作物を栽培して、どこが悪いのかと言って、体を張って戦えるのに……」

　残念ながら、長友さんは組み換え作物の野外栽培を収穫まで一度も試すことなく、2014年9月に他界した。さぞ無念だったに違いない。

　私の友人には、有機農業をやっている人もいる。もちろん私も有機農業に異議はない。組み換え作物も、有機農業も、どちらもその良さ、強さを競え合えばよいだけのことだ。もし組み換え作物が日本の風土に合わなければ、どの生産者も栽培なんかしないだろう。なぜ、北海道のような農業王国の自治体までが、条例までもうけて、一方の選択を奪ってしまうのか、そこが理解に苦しむ。自治体は本当に日本の農業の未来を考えているのだろうか。

　多様な選択肢なくして、成長の芽はない。

せめて長友さんの遺志を引き継ぎ、一度でもいいから、農業生産者に組み換え作物を栽培させてあげる機会を与えるべきではないだろうか。

反GMはビジネスの武器になる

しかしながら、組み換え作物のメリットを語る私のような存在は、いまの世の中では肩身の狭い少数派である。残念ながら、「組み換え(GM)反対」は、有機食品や無添加食品などを販売する事業者にとって、販売促進の強力な武器になる。一般市民の大半がGM作物に不安感をもっているうちは、「うちの製品は組み換え作物を使っていません」というメッセージは、お客の心を引きつける強力な磁石になるのだ。このため、反GMのメッセージは事業者からも飛び出てくる。

メディアといえども、こういう空気の中で生きている。私が「組み換え作物には農薬の使用量の削減や益虫の保護など経済的にも環境的な面でもメリットがある」などと記事にすると、「あなたの論理はモンサントと同じですね。いつから巨大企業の肩をもつようになったのですか」といった抗議文がいまも届く。私のような記者に対しても、悪のレッテルが簡単にはられてしまうのがいまの空気だ。

組み換え作物を世に出しているのは、米国のモンサントだけではない。ほかに米国のデュポン、ダウ・ケミカル、スイスのシンジェンタ、ドイツのBASF、バイエルなどがある。西欧の企業も組み換え作物を開発・販売しているが、批判のやり玉に挙がるのはいつも決まってモンサントである。モンサントが過去に苦い傷をもつことは分かるが、なぜ、モンサントだけが悪の象徴として祭り上げられるのか、これも本当に不思議な現象である。しかし、ある特定の大企業を生け贄としてターゲットにする構図は、ほかにもある。食品添加物の世界では、山崎製パンがよく生け贄になり、ヤマザキのパンはなぜカビないかといった批判本まで出ている。家庭で焼いたパンは台所に雑菌が多いので、早くカビる。それに対し、山崎製パンの工

場は衛生管理が行き届いており、雑菌がほとんどいないから、カビない。その差は衛生管理の度合いなのに、添加物危険派は添加物のせいでカビないと勘違いしている。初歩的な誤りに気付かないのも、何でも反対派の特徴だ。

どちらにせよ、何かを批判するときには、悪い大企業という特定の攻撃目標があると便利だ。GM作物も同じような気がする。

意図せざる混入率は0.9%

いま日本で流通する「組み換えでない（ノンGM）」と表示されている大豆や豆腐などにも、実は、わずかながら、組み換え原料が混じっている。日本の表示制度では、5％以下の意図せざる混入なら「組み換えでない」と表示できるからだ。この混入許容率は欧州連合（EU）では0.9％以下だ。

つまり、厳しいEUでも、0.9％までの混入を認めているのだ。仮に組み換え作物に発がん性が本当にあるとしたら（もちろん、発がん性はないが……）、あの西欧の国が0.9％まで混入を認めるだろうか。

農薬の残留基準値は、100万分の1の単位のPPMで設定されている。かたや組み換え作物は100分の1の単位のパーセントだ。もちろん、この意図せざる混入率は、健康への影響にかかわる安全性を基に決められているわけではない。しかし、GMに反対する人でさえ、0.9％程度なら、混じっていてもやむを得ないと考え、この混入率を受け入れている。

かつてGM作物に反対する学者と話をしたとき、私は「非組み換え大豆にもわずかながら（おそらく100粒に1粒程度だろうが……）組み換え大豆が混じっている。食べても問題ないのか」と尋ねてみた。そうしたら、その学者は「1％程度の混入なら、量が少ないので大丈夫だ」と答えた。要するに、反対する人たちから見ても、それくらいのリスク感覚だということだ。

そう言えば、GM作物を拒否していた、ある生協団体が東日本大震災（2011

年3月11日）のあと、組み換えでない（非GM）作物の輸入が一時的に困難になったため、緊急的な措置として、GM作物を利用したことがあった。これは、緊急時なら利用してもよいくらいに安全なのだという証拠になるのではないかと思った。GM作物に反対するのは、おそらく倫理・哲学的な理由なのだろう。

GM作物は目的でなく、手段

　GM作物の論議で重要なのは、目指すもの、つまり何を目的にするかを議論すべきだろう。今後の世界の農業にとって重要なこととは、「増加する人口に対応できるだけの収量を維持できるのか」「環境や人に影響のある農薬をどうしたら減らせるか」「農業者の労力をいかにして減らすか」「農地の土壌をいかにして守るか」「森林の伐採を少しでも食い止めながら、収量を増やす方法はあるか」「生態系を乱さない農業をどうやって実現するか」だろう。

　そうした目的にとって、GM作物はどこまで役に立つかである。これまでのデータを見る限り、農薬の使用量の削減、収量の増加、土壌の保護、二酸化炭素の削減、森林の伐採の削減、益虫の保護などで役に立っていると言える。GM作物がこの世でベストとはいえないが、まあまあの成績を収めていると言えるのではないか。

　むろん、有機農業も地域によっては有益なので、有機農業の推進もよいだろう。つまり、GM作物と有機農業は共存できる。組み換え技術はあくまで手段であり、目的ではない。

　東京から大阪へ行くのに、新幹線で行ってもよいし、スピードの遅い普通列車でも、高速バスでもよいだろう。そうした交通手段を巨大企業が開発したかどうかは、利用する者にとっては些末な話だ。巨大企業が開発した交通手段には乗らないというのもひとつの主義ではあろうが、乗って快適なら、どこのだれが開発しようが、あまり大した問題ではない。

人それぞれの価値観や費用負担との兼ね合いで、いろいろな手段を自由に選べばよい。そしてお互いがお互いの価値観を尊重し、競え合えばよいのではないか。組み換え作物に反対する人たちは、なぜ、組み換え畑に侵入してまで自分たちと異なる価値観を排除しようとするのか。本当に理解に苦しむ。

　かつて日本が江戸時代を脱したばかりの1871年（明治4年）、「日本はこれからどう生きていくべきか」を探るため、政府首脳や留学生を中心とした岩倉使節団（107人）が日本を発った。岩倉具視らは約1年半をかけて、米国や西欧諸国をつぶさに見て回った。一国の政府のトップが長期間、外遊するという極めて異例の視察だったが、その後の日本の進路に与えた影響から見れば、長期の外遊の意義は大きかった。

　そこにあったのは、先進的なものを取り入れて、日本的なものに改良し、日本の進むべき道を探ろうとする進取の精神だった。

　この精神をGM作物にあてはめて考えると、いまの政府や研究者がいかに進取の気概に欠けているかが分かる。世界中で展開されているGM作物をつぶさに見て回れば、日本で生かすべき技術も見つかるだろうと思うが、残念ながら、いまの日本に岩倉使節団のような動きはない。

遺伝子組み換え作物のメリットとデメリット

メリット	デメリット
農薬の使用量が減る 収量が増え、食糧増産に役立つ 農家の収入が増える 労力が減って、余裕ができる 土壌または栄養流失を防ぐ 農薬使用の減少で益虫が増える 二酸化炭素発生減で温暖化防止になる	組み換え種子の価格は高い 害虫が抵抗性を獲得する可能性 巨大企業の種子支配が生じるおそれ 食経験が約20年と短い 近縁の植物との交雑種が生じる可能性 同じ除草剤の長期使用で雑草に抵抗性が生じる

解説編

　遺伝子組み換え作物への誤解はなぜ、なくならないのか。その要因のひとつは、各種メディアの報道にあるのではないかと思う。

　各種メディアが流す"リスク情報"はたいていの場合、何らかのゆがみ（バイアス）がある。その中でも最たるものが遺伝子組み換え作物に関するニュースだろう。組み換え作物は、よくGM作物ともいわれる。GM（genetically modifiedの略、最近はgenetically engineeredともいわれる）は遺伝子が改変された、操作されたという意味だ。

　このGM作物に関するニュースのゆがみは、まるで組み換え作物が"怪物"かのような誇大描写から、組み換え作物を栽培する農家は巨大企業に操られる人形かのような虚像までとても幅広い。

　この本は、組み換え作物に関する誤解を少しでも解き、正確な事実を知ってほしいという気持ちから生まれた。組み換え作物に関する本は、良い本も悪い本も含め、既にたくさん出ているが、たまたまネットで無料で読める電子ブック『The Lowdown on GMOs』（lowdownは内幕や内実の意味）を見つけた。おもしろいので、翻訳した内容をみなさんに知らせようと思い立った。

　この翻訳文に出てくる海外の筆者は、学者、教師、ジャーナリスト、市民活動家など16人。ただ、海外の筆者だけでは日本の実情が分からないため、日本国内で組み換え作物に関する記事を書いたり、論評をしたりしてきたジャーナリスト、学者、消費生活アドバイザー、公的機関の研究者、生産者など計13人に声をかけ、執筆してもらった。

　海外の筆者たちの考察や小論文は、組み換え作物の悪いイメージを180度変えるだけの説得力、知的おもしろさを見せてくれる。どの筆者も一様に強調しているのは「これまでに世界中で発表された数百の査読付き論文

の分析では、組み換え作物の安全性は立証されている」という点だ。つまり、もはや科学の世界では安全性をめぐる論争は存在しないということだ。

　もうひとつ、海外の筆者たちが強調しているのは「組み換え技術を含め、農業分野でのバイオテクノロジーの発展は食料の生産を増やし、森林を守り、地球にやさしい成果をあげている」という点だ。しかし、現実には組み換え作物への理解は少しも前進していない。

日本はGM作物の輸入大国

　私がこの本をまとめてみて、つくづく感じるのは、組み換え作物を含めた組み換え技術に関する理解がなかなか進まないのは、どこの国も同じだということだ。

　GM作物が世界で最も普及している米国では、一般にGM作物が受け入れられているかのように思われているが、実はそうではないことが、この本から分かる。メディア（新聞、テレビ、雑誌、映画、個人のブログなど）がときとして、根拠のいかがわしいおかしな情報を流す点も、世界共通のようだ。

　組み換え作物を開発する巨大バイオ会社を標的とする陰謀説がまことしやかに流布する現象は、ワクチン問題で巨大製薬会社をターゲットとする陰謀説と同様に、どこの国でも見られるようだ。

　組み換え作物は、2014年に米国、カナダ、ブラジル、インド、アルゼンチン、中国、スペインなど世界28カ国で栽培された（図1参照）。2014年の世界のGM作物の栽培面積は約1億8000万ヘクタール（図2参照）。日本の国土面積の約5倍もある。1996年に米国で最初に栽培されて以来、既に20年近くたち、栽培面積は一貫して増えてきた（図3参照）。

　そして、日本は既に米国やカナダなどから大量の組み換え作物を輸入し、家畜のえさや食用油、清涼飲料の甘味料などに使っている。食用油の原料のほとんどは既に組み換え作物になっている。日本は組み換え作物の輸入

図1 組み換え作物が栽培されている世界の国々

図2 複数の特質を合わせ持ったスタックという組み換え作物も増加

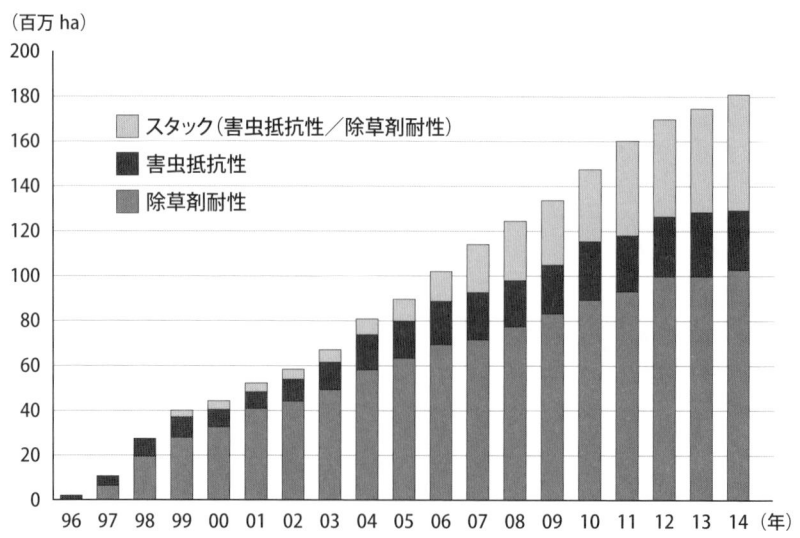

図3 世界中で増え続ける組み換え作物の面積

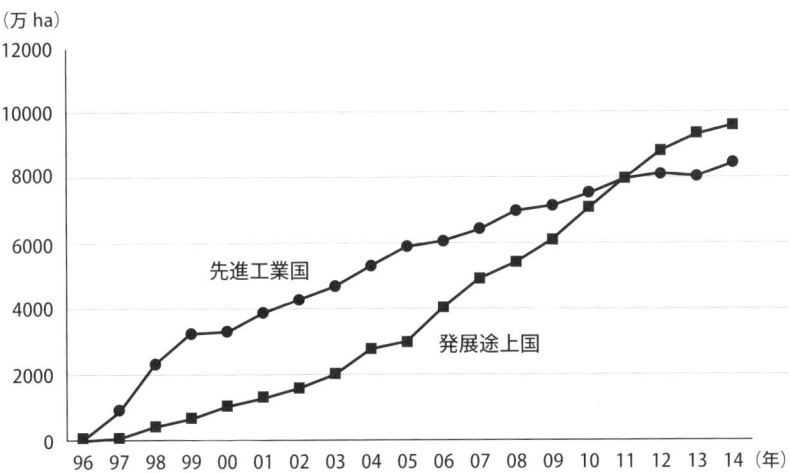

図4 日本の穀物輸入量とそのうちの遺伝子組み換え作物の比率

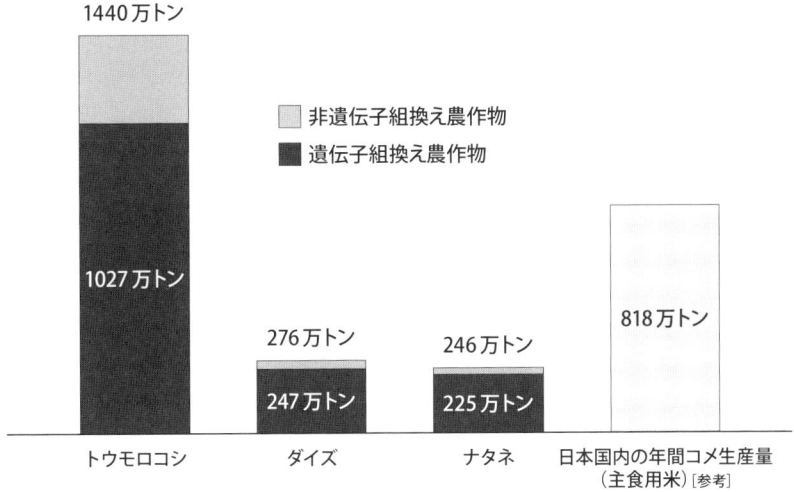

[出典] バイテク情報普及会ウェブサイト（図1〜3）
『みんなで考えよう遺伝子組み換え農作物・食品』農業生物資源研究所（図4）

大国なのである（図4参照）。

　世界の組み換え作物の栽培で興味深いのは、栽培農家の国別の状況だ。農家の数で見ると、栽培者の約9割はインド、中国、フィリピンなど途上国にいるのが特徴だ。米国やカナダをはじめ先進国の大規模な農家が栽培しているというイメージが強いだろうが、実は、小規模な農家がせっせとGM作物を栽培しているのである。小規模な農家にとっても、GM作物を栽培するメリットが大きいことは、日比野記者をはじめ記者たちの詳しいレポート（Ⅱ部）でよく分かるはずだ。

　これだけ世界中で増えているからには、そこに、何らかの大きなメリットがあるからだと考えるのが常識的な感覚というものだ。

ニュースのゆがみは消費者の認知のゆがみ

　にもかかわらず、なぜかGM作物に関する誤解は生き続けている。

　世界中に普及したGM作物のメリットとしては、「収量の増加」「農薬の使用量の削減」「農家の収入増加」などが挙げられる。これは動かしがたい事実だ。収量の増加は、今後、世界中で増えてゆく人口増加に応える意味でも、組み換え技術というイノベーションの勝利でもある。先進国の消費者はそうしたGM技術の恩恵を、間接的とはいえ、たっぷり受けていながら、それを実感していないのは、その恩恵を正しく報じていないメディア側に責任があると私は思っている。

　メディアは悪い話（未承認のGM作物が混じっていたとか）にはすぐに飛びついて、ニュースにするが、良い話（GM作物の収量が増加したとか）には関心が低く、ニュースにしない傾向がある。このニュースの非対称性が延々と続いてきた結果、消費者のリスク認知がゆがんでしまったというのが私の見方だ。

　このメディアのゆがみは海外の筆者たちも指摘している。

　ニュースのゆがみと消費者のゆがんだリスク認知は貨幣の表裏みたいな

ものだと考える。

　ニュースのゆがみと消費者の誤解は心理学的なメカニズムでも説明できる。消費者は「なんだかよく分からないもの、未知の要素を秘めているもの」に対しては、不安をいだく傾向がある。それは私だって同じだ。実態がよく見えないものを信用することは難しく、だれだって「よく分からないので不安」といった気持ちをいだくだろう。

　行動経済学の概念に「あいまい性回避」と「親近感バイアス」がある。なじみのあるものには親近感を覚え、なじみのないもの（よく分からないもの）は避け、よく知っているものを選ぶ傾向があるという概念だ。

　この消費者の心理行動は、GM作物にもあてはまる。

　海外で栽培されているGM作物の畑を自分の目で見た一般の消費者は、日本に10人といないだろう。専門家の話をじっくりと聞いたことのある消費者も極めて少ないだろう。

アンケートで「不安」は合理的反応

　そういう観点で見ると、政府がどんなアンケートをとっても、いつも6～7割の人がGM作物に対して「不安」とか「よく分からない」と答えるのは、むしろ合理的な反応なのだ。知らないものに親近感を覚えるはずはないからだ。

　かといって、「GM作物の輸入をすべてストップしろ！」とか「組み換え技術でできたインスリン（糖尿病の治療薬）や抗がん剤を使うな！」などと、猛反対を叫ぶ人もいない。まあ、ほとんどの消費者は、実際の日々の生活では無関心なのだろう。

　でもよく考えてみれば、日常の買い物でGM作物に無関心でもよいわけだ。GM作物を食べても健康への影響はないし、いまのところ、環境への悪影響もほとんどないからだ。食べても健康影響のない事柄に大きな関心を寄せる方が、むしろ異常な心理かもしれない。

みなさんは、食品を買うときに、食品添加物や残留農薬などが気になって、「不安で心拍数が上がる」とか「脳の血流が上がる」とか、そんな体の変化を感じるだろうか。もちろん、ないはずだ。

心理学の実験で分かっているように、体（または行動）は脳（気持ち）より正直だ。そもそも意識と行動は別の基準で動く。意識の上で不安だからといって、政府が税金を費やして、その不安を解消することに努めることが本当に必要なのか再考してみる必要もあるだろう。

消費者は「損失回避」で動く

アンケートで「不安」と答える背景には、もうひとつよく知られた心理行動があると考える。

人は経済的に豊かになればなるほど、いまの豊かな状態を失いたくないという「損失回避」傾向をもつようになる。つまり、保守的な態度になりやすい。この「損失回避」は行動経済学でなじみのある言葉だ。いま、そこそこ豊かで健康に暮らしているならば、なにもあえて、リスクを覚悟して、GM作物のようなよく分からないものを受け入れる必要性がないからだ。

組み換え作物をはじめ、残留農薬や食品添加物といった嫌われ者は、専門家の目から見れば、ごくごく小さなリスク（健康への影響は無視できる）なのだが、こういうものに対しても、消費者が「不安だ」と答えるのは、現状のよい状態を失いたくないという気持ちだと解釈すれば、理解は可能だ。

そういう観点に立つと、これからも経済的な豊かさが続く限り、消費者はますます小さなリスクを気にし、小さなリスクを減らすために「もっと政府の予算でなんとかリスクを減らせ！」と言い続けるだろう。小さなリスクを気にして、税金（みんなのお金）でコスト負担を求める「ゼロリスク症候群」は豊かさが続く限り、なくならないだろう。

ささいなリスクを気にするほどの余裕があるのは、先進国に限られる「先

進国病」だからだ。GM作物もそのひとつだと思う。

日本の消費者は受け入れているのか！

　こういう状況に対して、はたして日本の消費者はGM作物を受け入れているのか、そうでないのかについては、本に出てくる筆者で見解が異なるようだ。これは消費者のどこ（心理か行動か）を見ているかの差であり、あまり大きな相違はないように思う。

　アンケートで「不安」や「よく分からない」との答えが多ければ、それは確かに「受け入れられていない」と解釈できるが、かといって、デモをやって猛反対し、GM作物の流通を止めるような行為に及ぶわけでもない。店に行って、GM作物を原料にした食用油の撤去を求めるわけでもない。

　この種の不安は、「聞かれれば不安」という意味での"アンケート不安"なのだろうとも解釈できる。以前、米国の農務省のお役人にインタビューしたら、こんなことを言っていた。

　「日本の消費者は、米国産のGM作物をちゃんと輸入してくれている。買い続けてくれるということは、受け入れているというふうに私は考える」

どんな反対理由があるのか

　そうはいっても、現実には、一部の市民団体を中心にGM作物に対する反対運動は先進国を中心に根強く存在する。もちろん、組み換え作物の普及に反対するからには、それなりの理由、論拠があるのだろう。私も記者の端くれなので、反対意見にはいつも窓を開けている。反対する人たちにも取材するし、本も読む。これまでに指摘されてきた反対理由を以下に挙げてみる。

　まず農業経済的な側面からの反対理由は以下のようなものだ。

トウモロコシの原種はこんな雑草のような姿だった（米国のモンサント研究所で）

①組み換え作物を栽培しても、農薬の使用量は逆に増え、収量も減る。
②組み換え作物は農薬依存度を強め、農家に利益はない。
③組み換え作物は、生産者にはメリットがあっても、消費者への直接の利益はない。
④組み換え作物の花粉が飛び、近縁種との交雑が生まれるおそれがある。その交雑種が在来の植物を脅かす可能性がある。組み換え作物の花粉が有機農業の畑に飛び、交雑が起きれば、有機農産物として認められなくなり、有機農家には損失だ。
⑤少数の巨大企業（多国籍企業）が種子を支配する。
⑥組み換え種子は企業の知的特許料が含まれ、価格が高い。その高い種子を買わされる農民は搾取され続ける。自分で種を取る（自家採取）こともできず、農民の自立が妨げられる。

農薬の使用削減は明白

　この本を読めば、こうした反対論拠のほとんどが事実に基づかず、説得力に欠けることが分かるだろう。大事なことは、世界の組み換え作物の現場で起きている事実を冷静に見ることだ。細かい反論は本文を読んでほしいが、この本の筆者たちが一致して強調している共通点を以下に挙げておこう。

①組み換え作物の普及で殺虫剤など農薬の使用量が減ったことは明らかだ。
②収量が増えたのも明白な事実だ。
③これまでに出された数多くの査読付き論文（第三者が目を通した専門的な論文）を見れば、食べても問題ないとする認識、合意が科学者の多数を占めている。
④ひとつの巨大企業が種子を独占しているわけではなく、いくつかの企業

が競争しながら、拮抗関係を続けている。
⑤ GM の種子は高いが、その高い種子を買っても、おつりがくるほどに収量が増え、農薬の使用量が減っている。農家は自らの意思で主体的に種子を買っており、巨大企業に操られた人形ではない。

こうした反論は、公表されたデータ（エビデンス）に基づくものだ。農家が巨大企業の操り人形のように搾取されているといったイメージを持っている人がいるかもしれないが、この本に出てくるカナダの生産者であるマイク氏は次のように語っている。

「GM 作物でも、そうでない作物でも、自分で選んで購入している。私は危険な作物を栽培するような残酷な人間ではない。自分の家族を危険にさらすようなことをするわけがない」（筆者要約）

どちらに説得力があるかは明白だろう。

データが語る事実

世界中で栽培されてきた GM 作物のメリットとデメリットを知るには過去の研究報告を総合的に読み解く作業が必要になる。事実という厳然たるデータを押さえておくことは特に重要なので、信頼度の高い研究報告を紹介しておこう。

2014 年 11 月にドイツのゲオルグ・アウグスト大学の研究者たちが『プロス・ワン』誌（PLOS ONE）に発表した研究報告だ。この研究はドイツの公的機関などが中心となってまとめたもので、民間企業は関与していない。信頼性は高い。

1995 年〜 2014 年までに発表された GM 作物に関する 147 の研究論文を総合的に分析（メタ分析という）した結果、「農薬の使用量が減ったこと」「収量が増えたこと」「農民の利益が増えたこと」「収量の増加や利益の向上は途上国で高かったこと」が明らかとなった。同様の結果は米国農務省

(USDA) も 2014 年に出している。

　医療や健康情報の確かさを判断するときも、さまざまな文献を総合的に分析するメタ分析が威力を発揮する。その意味からも、GM 作物に関してはいろいろな反対はあるだろうが、全体として見れば、もはや GM 作物が先進国だけでなく、途上国の農民にも利益をもたらしたことは明白だ。

　当然ながら、日本で栽培する意義も高い。なぜ、GM 作物を栽培したいのかについては、2 章に出てくる北海道の農業生産者の気持ちや体験を読めば、手に取るように分かるはずだ。

GM 作物は自然の摂理に反する

　経済的な論議のほかには、生態系への影響や倫理・哲学的な観点からの反対理由もある。その主なものを以下に挙げてみる。

①ある特定の除草剤をまいても枯れない組み換え作物を植えれば、その特定の除草剤に強いスーパー雑草が生まれる。
②害虫に強い作物（Bt トウモロコシなど）が普及すると、Bt 菌に抵抗性を示す害虫が増える可能性がある。有機農業でも Bt 菌を使っているので、有機農業の重要な武器が失われる。
③組み換え作物が普及すると作物の多様性が失われる。
④種の壁を越えた遺伝子の移動は自然の摂理に反する。
⑤害虫がかじると死ぬ作物を、人が食べても大丈夫なのか。
⑥挿入した遺伝子がどこに入るか分からず、眠っていた遺伝子が動き出して、例えば、環境変動に弱い性質の作物が誕生するかもしれない（未知の危険性）。
⑦食経験がまだ 20 年近くしかなく、本当に安全といえるのか。
⑧政府による安全性の審査は十分に行われていないのではないか。
⑨巨大企業は監督官庁を操り、自社に有利な規制をもくろんでいる。

⑩どの食品に組み換え作物の原料が使われているかを示す表示制度が必要だ。組み換え作物を拒否したい人にも選択の権利がある。

生物の進化は遺伝子組み換えの歴史

　これらの反対論拠も、この本を読めば、説得力に欠けることが分かるだろう。ここに出てきたBtはバチルス・チューリンゲンシスといって、土壌にいる微生物の一種。ガなどを殺す作用をもっているが、ほ乳類や鳥類には無害だ。このため、生物農薬として有機農業でも殺虫剤として使われている。このBtの遺伝子を組み込んだトウモロコシ（飼料用のデントコーンで甘いスイートコーンではない）が世界で普及している。

　では、自然の摂理に反するといった反対理由に対する反証を簡単に挙げておこう。

①あらゆる生物は共通の遺伝子をもっており、遺伝子の移動は、自然界の生物間で実際に見られる現象だ。それを応用したのが遺伝子組み換え技術であり、自然の摂理に反したものではない。
②進化はそもそも生物間で遺伝子の移動があったから実現した。
③いまのトウモロコシは、昔のトウモロコシの原種とは似ても似つかぬものだ。組み換え技術が登場する以前にも、農業の世界では連綿と続く品種改良で遺伝子の組み換え（遺伝子の配列の変化）はあった。
④害虫に強い組み換え作物に含まれるBtたんぱく質は、有機農業でも生物農薬として使われ、人に危害はない。
⑤GM作物は農薬の削減などを通じて、チョウや蜂などの益虫を守り、水系の農薬汚染を減らし、環境保護にもなっている。
⑥GMは特定の遺伝子を植物に組み入れる技術のため、既にある品種に取って代わるものではない。品種の多様性は以前と変わらない（例えば、ある遺伝子をイネのコシヒカリに入れても、コシヒカリという品種はなくならない）。

南米向けに開発された害虫抵抗性の組み換え大豆（左）と虫に食われた非組み換え大豆（右）はこんなに違う。モンサント研究所で

⑦世界中の人や世界中の家畜が20年近く食べてきて、健康被害が出ていないという事実は、安全だという証拠になるのではないか。

　こうしてみると、けっこう反論に説得力があると思う。生物間で遺伝子が移動していることは小泉氏の論考（Ⅱ部）や海外の筆者（Ⅲ部）にも出てくるのでぜひ読んでほしい。
　最近の研究では、そもそもヒトである人間自体が組み換えでできたロボットみたいなものだということだ。考えてみれば、ヒトも含め、生物はみな同じ材料（部品）でできている。人間がもっている遺伝子の中に海藻類や菌類がもっている遺伝子があるのは少しもおかしくない。一見、高等な人間にみえるヒトが、小さなハエや線虫と共通の遺伝子をもっているのは、遺伝子の生物間移動が進化にかかわった証拠だといえるだろう（「FOOCOM.

NET」に出てくる宗谷敏氏のGMOワールド参照。このコラムは読むに値する。インターネットでだれでも読める）。

スーパー雑草は対処可能

　ここでは、とりあえず、いくつかの論争点にも触れておこう。
　まず、特定の除草剤に強い組み換え作物の普及でその除草剤をまいても枯れないスーパー雑草が出現していることをどう考えたらよいだろうか。私も米国の取材で、グリホサート（製品名はラウンドアップ）という除草剤に抵抗性を示す雑草が生まれている話を生産者から聞いた。しかし、農業に支障が生じるほど広範囲に発生しているわけではなく、別の種類の除草剤をまけば枯れるので大きな問題ではないとの印象をもった。
　ただ、特定の除草剤の使用が増えれば、その除草剤に抵抗性を示す植物が出現することはありえる。この問題は組み換え作物自体に起因するというよりも、除草剤の使用自体によって起きる問題だ。
　この問題に関しては、この本に出てくる筆者の多くが触れている。次のような見方を知っておくのもよいだろう。
　「多くの植物には、もともと除草剤に対する耐性が自然に備わっている。バイオテクノロジーによって植物が全く新しい能力を獲得したかのように見えるのは、間違いだ」（Ⅲ部のケビン・フォルタ氏やブリアン・スコット氏）。
　除草剤といえども、万能ではない。やはり自然は手強い存在だ。

農家は巨大企業の操り人形か

　農家が巨大企業に操られているという批判にも、ちょっと触れておこう。この批判は、農家がいったん巨大企業から組み換え種子を買うと、農家はその巨大企業の奴隷になってしまうというものだ。日本でもよく聞かれる批判だ。

私が米国やフィリピンの取材で会った農家はみな「どの会社と契約するかは自分で選んでおり、相手の言うがまま、なんてありえない」と言っていた。この本のインタビューに出てくる農家のブリアン・スコット氏も「いかなる種苗会社にも何ひとつ縛られていない。いったん契約しても、次のシーズンに同じ会社から買わねばならないといった制約は何ひとつない」と言っている。車の世界ではトヨタがトップだ

害虫抵抗性の組み換えトウモロコシを栽培するネブラスカ州のマーク・オーバグさん夫妻と子供たち。「種子はデュポンからもモンサントからも買う」と話した（2013年）

が、あなたがトヨタの車を買ったからといって、次の車もトヨタにしなければいけないか？　というのと同じだろう。

　巨大企業といえども、農家のニーズに応えなければ、生き延びるのは難しいということを知っておきたい。

規制の強化は巨大企業を利する

　巨大企業が種子を支配したり、政府や消費者を操っているという陰謀説的な批判も根強いが、この点については、海外の筆者（Ⅲ部のスティーブ・サベージ氏）の見解は参考になるだろう。

　例えば、大きな権力をもつとされる巨大企業の力が強いといえども、い

まだに GM 小麦を市場に出せていない。かつて販売の手前までいった組み換えジャガイモは反対運動であっという間につぶされた。市民とメディアから強い反対が出れば、巨大企業とてそれに抗うことは難しいのが実情だ。

　大企業、特に外食や流通の巨大企業は、市民目線に沿ったマーケティングを展開するだろうから、仮に巨大バイオ企業が世論を変えようと頑張ってみても、そう簡単に世論（大多数の市民の気持ち）を動かせるものではない。

　もうひとつ、GM 作物への規制強化は、反対者の意に反して、結果的に巨大企業を利するという側面を海外の筆者たちが強調している点はおもしろい。GM 作物への各種規制の強化（安全性の審査や環境への影響調査など）で、もはや GM 作物の開発を手掛けられるのは巨大企業のみになってしまった。中小の企業では安全性の認可を得るための巨額なコストを負担できず、市場に参入できないのだ。

褐変しないリンゴの行方

　その意味で、この本に出てくる「茶色く変色しない組み換えリンゴ」の行方がどうなるか興味深い（Ⅲ部のニール・カーター氏の寄稿）。

　開発したのは、従業員がわずか 7 人の会社だ。4 つの遺伝子の働きを抑えて、放置しても褐色にならないリンゴをつくった。変色しないので、捨てる人が少なくなり、リンゴの廃棄量が大きく減るというのがうたい文句だ。近く市場に登場しそうだが、はたして米国の市民は買うのか。

　組み換えパパイヤがハワイなどで流通しているのを見ると、受け入れられそうな気もするが、反対派の動きによっては日の目を見ないこともありうる。注目したい。

セラリーニ氏の実験は正しかったか

　安全性に関する論議はどうか。

　安全性に関するニュースで最も注目されたのは、2012年に発表されたフランスのカーン大学のセラリーニ氏の実験だ。組み換えトウモロコシを食べたラットに発がんが多かったという内容だった。日本ではあまり報じられなかったものの、西欧では大きく報じられ、議論を呼んだ。

　しかし、この実験を支持する科学者はほとんどいない。日本の内閣府・食品安全委員会も審議した結果、実験に用いたラットの数が少なく、意味のない実験だと評価した。

　この本でも、実験の不備を多くの筆者が指摘しているが、詳細な反論は唐木氏の寄稿(Ⅱ部)が参考になる。組み換え作物が1996年に登場して以降、世界中の研究機関で実験用に飼育されているネズミ（ラットやマウス）は組み換え作物をえさとして食べている。仮にえさに発がん性があったならば、とっくにあちこちのネズミでがんが多発しているはずだが、そういう事実はない。

　世界中の牛、豚、鶏などの家畜も、約20年前から組み換え作物を食べ続けている。当然ながら、20年間も観察していれば、がんが多発していれば見つかるはずだ。もちろん、日本の家畜のえさのほとんどは組み換え作物になっているため、日本でも農家が家畜の異変に気付くはずだ。しかし、だれもそんな異変を見ていない。何も起きていないからだ。

　セラリーニ氏の実験でとても奇妙に感じるのは、実験結果の発表のすぐあとにドキュメンタリーふうの映画が完成し、実験の中身を綴った著書まで生まれていることだ。科学者は論文の確かさで勝負するはずなのに、実験の途中から、カメラマンが入って映画を撮っているという事実だけでも、この実験が反対運動の一環だと見られてもやむを得ない側面をもつ。

　セラリーニ氏が著した本『食卓の不都合な真実』(明石書店)を読んでみたが、自分をまるでヒーローのように見て書いている姿勢が気になる。セ

ラリーニ氏のリスク観は、食品添加物や農薬などの化学物質を悪とみなす素朴な市民活動家と同じレベルだと感じた。現代文明を批判したい気持ちは理解できるが、通常の専門家とはかなり違うようだ。

　このセラリーニ氏の実験については、この本の海外の筆者も多く触れている（例えば、Ⅲ部のケイス・クロー氏の寄稿）。クロー氏は、実験結果が公表されたすぐあとに実験内容を映像に収めたドキュメンタリー映画が公表されたことについて触れ、「すべてのタイミングがあまりにも都合が良すぎると思わないか」と述べている。最初から映画を撮るのも目的だったのだ。

西洋科学を都合よく利用

　セラリーニ氏がそうであるように、GM作物に反対する人たちは、どちらかといえば、西洋科学に批判的な思考をもっている。例えば石器時代の人間の食生活が理想的だとかいって、炭水化物の摂取を少なくしたり、野菜や木の実、肉を食べてみたり、有機食品を食べたりする活動だ。端から見ていると、非科学的に見えるが、本人たちは大まじめである。

　そういう反対派の人たちは、地球の温暖化を疑問視する一部の政治家や評論家に対しては、「それは科学的なエビデンスに乏しい。温暖化は科学的なデータによって確かな事実だ」といって、西洋科学を盾にすぐに反論する。しかしながら、GM作物になると、態度はがらりと変わり、途端に科学的なエビデンスを軽視して、根拠薄弱な擬似科学を盾にGM作物を批判する傾向がある。このことは海外の筆者が指摘している点だ。

　人間は、いつの世も、自分の価値観に合った科学者の言説を信じる傾向がある。原子力発電でも食品添加物でも同じだ。価値観を同じくする者同士は一般に親近感をもち、仲良くなれる。

　これはセラリーニ氏の実験にも言える。GM作物に反対する人は、たとえ実験のデザインに不備があっても、「この実験は正しい」と思うだろうし、またそのように宣伝するだろう。

反GMは商売の武器になる

　残念ながら、「GM反対」は商売の武器になる。

　マスコミだけがゆがんだ情報を流すわけではない。オーガニック食品などを販売する企業もまた、ゆがんだ情報を流すのに一役買っている。有機食品を売るためには、有機以外の食品が危ないというメッセージを流したほうが得だからだ。一般市民の大半がGM作物に不安感をもっている間は、そういう企業は「うちの製品、メニューの食材は組み換え作物を使っていません」というメッセージを出すだろう。お客の心を引きつける強力な磁石になるからだ。

　同じようなことは米国でもあるようだ。2015年4月、米国で人気のメキシコ料理のファストフードチェーン「チポトレ・メキシカン・グリル」の最高経営責任者は、「店で提供する食材をすべてGMフリー（組み換え原料を使わない）にする」と公表した。その理由のひとつは、ファストフードのイメージアップだった。

　さすがに組み換えトウモロコシなどのえさで育った豚や鶏の肉までも、GMフリー（組み換えでないえさで飼育したもの）に替えると肉の原価が上がってしまい、全面的な切り替えは難しいようだが、GMフリーが商売の武器になる好例だ。

GM表示の義務化で論争

　そういう意味で組み換えGM作物を原料にした商品に「GM作物の使用の有無」が分かる表示を義務づけるかどうかは大きな論争になっている。

　日本では2001年から、表示制度が始まった。現在、納豆、豆乳、みそ、きな粉、コーンスナック類など約30品目が表示義務の対象になっている。例えば、GM大豆を使っていれば、「組み換え原料を使っています」という表示が必要になる。一方、組み換え原料を使っていない場合は、「組み

換えではありません」と表示できるが、無表示でもよい。

ややこしいのは、「組み換え原料を使っていません」と表示されていても、組み換え原料の含有量がゼロではないことだ。流通経路で意図せずに組み換え原料が混じってしまう場合があるからだ。日本では5％以下の混入なら、たとえ組み換え原料が混じっていても、「組み換えではありません」と表示できる。実際に過去に日本の公的機関が調べたところ、「組み換えでない」と表示されていても、組み換え原料が1％前後混じっているケースがたくさんあった。

一方、欧州連合（EU）はこの混入許容率を0.9％以下としている。0.9％まで混じっていてもよい、ということは食べても安全だという証拠になる気がする。

こういう意図せざる混入があることも知っておこう。

どちらにせよ、日本では、豆腐や納豆など表示対象となる食品は、組み換えでない（非GM）原料が使われ、スーパーの売り場では「組み換えではありません」という表示ばかりが目につくようになった。

これに対し、組み換え原料を使った食用油や家畜のえさは、表示義務の対象外のため、表示なしで流通している。

なぜ、食用油は表示の対象外（表示しなくてもよい）となったのか。食用油には、組み換え作物にあった遺伝子も、その遺伝子がつくり出したタンパク質も含まれていないため、その商品が組み換えかどうかを調べる方法がないからだ。このため、日本で流通する食用油のほとんどは組み換え原料が使われているが、その表示はない。ただし、流通大手「イオン」は良心的に自社のプライベートブランドに「遺伝子組み換え作物が含まれている可能性あり」と表示している。

また、家畜のえさも、表示の対象外だ。豚肉や牛肉を調べても、その豚や牛が組み換えの飼料を食べたかどうかを調べる方法はない。

つまり、表示は、食べて安全かどうかではなく、検知する方法があるかどうか、また消費者が選択できるかどうか（情報提供）で決められている。

いま米国では表示を義務づけるかどうかが大きな論争になっている（Ⅱ部の中島記者のレポートやⅢ部の海外の筆者）。表示義務については、筆者で意見は異なるようだ。

ただ、海外の筆者たちは総じて表示に反対のようだ。

例えば、ライターのマーク・ブラジアウ氏（Ⅲ部）は「従来の食品と同等であることが実証されているなら、表示は、健康・安全・栄養にかかわる情報を新たに伝えるという利益をもたない。組み換えでないものを選びたいなら、既に有機認証がある」（筆者要約）などと述べ、消費者が知りたがっているという好奇心を満たすだけのために、あえて表示する必要はないとの見解を披露している。

ビールのコーンスターチ

表示でおもしろいのはビール。日本の大手ビールメーカーは、サントリーを除き、ビールの多くに味の調整のためにコーンスターチ（トウモロコシから取ったでんぷん）を使っている。そのコーンスターチには非GMが使われている。値段が高いので、メーカーとしては少しでも安いGMコーンスターチを使いたいのだが、ビール自体に表示義務はないものの、使ったことが公になると反対運動が起きて、ビールのイメージが傷つけられる。その恐れだけで延々と非GMトウモロコシを使い続けている。

市民団体は定期的に大手ビール会社に質問状を送っている。質問は「GMトウモロコシを使っていますか、また使う予定はありますか」。このアクションだけでビール会社は手も足も出せない。メーカーが「使う」と言った途端に反対運動が起きて、面倒な事態に巻き込まれる。これがメーカーにとって怖いのだ。

反対運動というものは、普段は静かでもよい。いざとなったら、全国で反対運動を拡大させるという恐怖感を相手に抱かせるだけで効果を生むのである。これこそが反対運動の真骨頂だろう。何もせずに、相手をひるま

せるのだから、究極の忍者戦法かもしれない。
　消費者の顔色をうかがうしか生きる術のない企業の力がいかに弱いかの象徴だろう。
　そういう意味では、GM作物に関する非科学的な情報を流す要因で大きいのは、メディアというよりも、市民団体やオーガニック食品の事業者なのではないか。メディアはそうしたおかしな情報を増幅する役割を果たすが、引き金になっているわけではない。意外にも学校の教師も、おかしな情報を伝えるうえで一役買っている。学校の副読本に出てくるGM作物に関する記述の問題点を指摘する森田満樹さんの寄稿（Ⅱ部）は参考になるはずだ。

表示を理解していない記者

　表示の根拠をめぐっては、日本の一部メディアでも誤解している記者たちがいる。例えば、東京新聞は2013年3月18日付けで「日本は遺伝子組み換え食品の身体への影響が読み切れないので、この技術を使った食品の表示を義務づけている」と書いたが、これは明らかな間違いだ。表示は、消費者への情報提供であり、安全性は確認されている。
　また、日本ではTPP交渉をめぐって、米国が日本に対して「組み換え表示制度の撤廃を求めている」かのような報道がしばしば見られた。しかし、私が日本の外務省、農水省、経済産業省、米国大使館などに問い合わせても、そのような米国の発言は確認できなかった。議論のテーマにもなっていなかった。日本がTPPに加盟すると日本の組み換え表示制度が米国の圧力でなくなってしまうかのような報道は、根拠なき飛ばし報道のひとつだろう。その点で東京新聞は間違いが多すぎる。

メディアと世論に勝てるか

　こうした誤報に近い情報はくり返しくり返しメディアに登場するため、その影響力は大きい。現実に世の中を動かしているのは市民のアクションと、それを後押しするメディアの報道である。いくら専門家の集団や政府が「安全です」といっても、市民のネットワークと一部メディアのスクラムから生まれる世論（空気）に勝つことは容易ではない。

　そして、もうひとつ、いくら組み換え作物に関する誤解を解いていっても、どうしても最後に残る問題がある。価値観の相違だ。

　例えば、GM作物が途上国の農家を救う技術であったとしても、GM作物に対する反対運動が鎮まることはないだろう。なぜなら、反対する人たちは、先端テクノロジーである組み換え技術で農業問題や環境問題を解決していく工業的な手法そのものに反対している側面があるからだ。

　また、組み換え技術を必要とするような効率性重視の資本主義、効率重視の価値観に異を唱えているからだ。

　価値観、生命観の相違の隔たりは宗教間の相違に似ていて、解消は不可能に近い。

　私の友人にもいるが、GM作物に反対する人たちは、たいていの場合、原子力発電にも反対だし、食品添加物にも反対だし、食品への放射線殺菌にも反対だ。現代文明そのものに疑問をもっているといってもよいだろう。価値観の対立を克服、解消するのは容易ではない。お互いに価値観の違いを認めたうえで、せめて組み換え作物を栽培したい農家にはその選択の機会を与えてあげましょうという寛容さがほしいが、日本ではその寛容さの片鱗さえ生まれていない。

　分子生物学者のモーゲル氏は「誤った情報を一掃し、清浄な空気を取り戻すのは、科学者にとっても、ジャーナリストにとっても、気の遠くなるような作業」（Ⅲ部）と述べている。確かにその通りだが、それでも、誤解を解く作業をだれかがやらねばならない。この本がその一助になればと思

う。

　最後に、この本に出てくる筆者たちの言葉遣いの違いについて、ひと言説明します。「組み換え作物」と「GM作物」の両方が出てきますが、意味は全く同じです。また「組み換え」の言葉は、政府・公的機関や専門家は「組換え」を慣用的に使っていますが、メディアは「組み換え」を使っています。この本では分かりやすくするため、「組み換え」に統一しました。

　海外の筆者の翻訳は、翻訳の専門会社にやってもらいました。日本語で読みにくい部分などは、私（小島）が原文と照らし合わせ、分かりやすい言葉に替えたところもあります（文責は私にあります）。日本の筆者はそれぞれ自らの見解を述べているため、私が意見を調整するようなことはしていません。各章は独立しているため、どの順序、どの筆者から先に読んでもよいでしょう。専門用語の解説はこのⅠ部の最後に一括して載せました。

　海外の筆者や文中の登場人物の名前の読み（発音）が分からないケースが出てきます。日本語的なローマ字読みになっていることをご了承ください。また、読みや訳がどうしても不明な場合は、原文のままになっている例もあります。

　Ⅰ～Ⅲ部すべてを読めば、組み換え作物の現況に対して相当な知識が身につくはずです。

　海外の筆者たちが挙げていた巻末の参考文献は、長すぎるため省略しました。また、分かりにくい言葉や用語には※印で解説を付けました。

　ここに書かれている日本の筆者の寄稿内容は、筆者それぞれの個人的な見解、見方であり、それぞれの組織を代表するものではありません。その点をご承知のうえでお読みください。

〈専門用語の解説〉

組み換え（GM）
遺伝子組み換え（組み換えの GM は genetically modified の略）作物とは、微生物や植物など他の生物のもつ遺伝子を、目的の作物に組み入れたものです。「組み換え」という言葉になっていますが、実際は遺伝子挿入技術といったほうがイメージしやすいかもしれません。

Btと害虫の抵抗性獲得
筆者たちの報告、見解に頻繁に登場する「Bt」（ビーティー）は、自然界にいる細菌のバチルス・チューリンゲンシス（Bacillus thuringiensis)の略です。Bt菌ともいいます。1901年、カイコを殺す細菌として、日本の科学者が発見しました。害虫防除に広く使用されるが、人には無害です。有機農業では生物農薬として使われています。

この Bt 細菌の遺伝子を組み込んだのが、Bt トウモロコシや Bt 綿です。この害虫に強い性質を「害虫耐性」とか「害虫を殺す」といった表現を使います。つまり、「Bt トウモロコシ」は、その葉や根をかじった害虫を殺すタンパク質をもった組み換えトウモロコシのことです。Bt 菌がつくり出す毒素のことを「CRY（クライ）毒素」とも言いますので覚えておきましょう。

一方、Bt 作物に対して、害虫のほうも負けてはいません。Bt 毒素を食べ続けると世代を重ねるにつれて、だんだんと Bt たんぱく質に対して抵抗性を獲得します。このとき、その害虫は「Bt 抵抗性を獲得した」と言います。この害虫の抵抗性を出現させないために、Bt トウモロコシの畑には、組み換えではない（非組み換え）トウモロコシも必ず植えられています。畑のうち、組み換えでない部分（面積比で約20％ですが、1カ所にかたまっている必要はなく、ばらばらに分布していてもよい）を「バッファーゾーン」とか「避難所」と呼んでいます。仮にガのような害虫が Bt 毒素に抵抗性を獲得したとしても、非組み換えトウモロコシを食べたガと交配したときにその抵抗性は弱められるといわれています。抵抗性を獲得した害虫がいるという報告はありますが、あちこちに増えているわけではなく、Bt 作物の栽培を無効にするほどの問題にはなっていません。

スタック
複数の遺伝子をひとつの植物にもたせたもの。例えば、害虫に強い組み換え作物と除草剤に耐性をもつ組み換え作物を交配させると、害虫に強く、除草剤をまいても枯れないという両方の形質をもつ組み換え作物が誕生する。これがスタック品種です。複数の害虫に強い複数の遺伝子をもった組み換え作物もスタックです。こういう複数の形質を生み出す方法を「スタッキング法」とも言います。いまでは7～8つの遺伝子をもった組み換え作物も誕生しています。

不耕起
組み換え作物は「不耕起」を可能にするという言い方もよく出てきます。この不耕起は、畑を耕す必要がなくなるという意味です。畑で雑草が芽を出しているとき、耕せば、雑草の芽がひっくり返り、枯れます。そういう目的もあって、種子を植える前に耕起するのが通常ですが、特定の除草剤をまいても枯れない組み換え大豆の場合には、種子をまいたあとに除草剤をまけば、雑草だけが枯れるので、耕起が不要になります。小さな雑草の芽が出ていても、そのまま種子を植えるわけです。耕起が不要になれば、雨が降っても、土壌の流出が少なくなり、土壌の保全にもなります。

ラウンドアップとグリホサート

ラウンドアップは植物のアミノ酸合成を阻害する除草剤です。米国のモンサント社が開発したもので、その商品名です。有効成分名はグリホサートです。どちらも出てきますが、同じ意味です。このラウンドアップ除草剤を組み換え作物の畑にまくと、雑草は枯れますが、大豆やナタネなどの作物は枯れません。この性質を「除草剤耐性」とか「除草剤に強い」と言います。

このラウンドアップ除草剤に耐性をもつ組み換え作物を総称して「ラウンドアップ・レディー（Roundup Ready、RR作物）と言います。「ラウンドアップ・レディーは素晴らしい技術だ」とか「ラウンドアップ・レディーが広く栽培されている」といった表現が出てきますが、これは、ラウンドアップ除草剤をまいても作物だけは枯れない技術はすばらしいという意味であり、またラウンドアップ除草剤に耐性をもつ作物が広く栽培されているという意味です。

一方、このラウンドアップ除草剤をまいても枯れない雑草が部分的に出てきています。これが「スーパー雑草」（抵抗性雑草）の問題です。もちろん、いくらスーパーとはいえ、ほかの除草剤をまけば、簡単に枯れてしまいますが……。同じ除草剤で、グルホシネート（商品名はバスタ）という除草剤に耐性をもつ組み換え作物もあります。

巨大企業

組み換え作物を開発している多国籍企業には、シンジェンタ（スイス）、ダウ・ケミカル（米国）、デュポン（米国）、モンサント（米国）、バイエル クロップサイエンス（ドイツ）、BASF（ドイツ）などがあります。ダウとかバイエルとか略称で出てくる場合がありますので、正式な社名を記しました。

II部

日本ではなぜ理解が進まないのか？

1章

遺伝子組み換え作物とは何か？

品種改良は遺伝子の変化

小泉 望
大阪府立大学教授

　あなたの今日の食卓には、ごはん（米）、パン、肉、魚、そして野菜などが並んでいることだろう。その中に遺伝子組み換え（以下、組み換え）作物を原料にしたものがどれだけあるかご存じだろうか。実は、既に日本国内では肉となる家畜の飼料に大量の組み換えトウモロコシが使われている。

　また、主食の米（イネ）、パンの原料の小麦、主に家畜の飼料に使われるトウモロコシ、健康によいとされる野菜などは、古代からずっと同じ姿をしていたわけでなく、実は、どれも長い年月を経た品種改良の末に生まれた新顔ばかりである。

品種改良は遺伝子の新しい組み合わせ

　まずは品種改良の歴史をたどってみよう。
　世界各地で農耕が始まり、定住生活が可能となり、文明が生まれたのは1万年から数千年前とされる。それ以前、人類（人間）は野生動物と同じように、狩猟や採取に依存して生きていた。簡単な道具はあったにしても、食生活については、無人島サバイバル生活に近いものであっただろう。
　農耕が始まった当初は、野生に生えていた植物が栽培されたと考えられる。その後、栽培に適した性質を持つ植物が選抜され、人間に役立つ作物となった。そうした作物はさらに数千年を経て少しずつ改良され、今も改良が続いている。こうした品種改良はさまざまな性質を持つ植物から、人間にとって都合の良い植物を選抜することであり、そのためには従来とは異なる性質を持つ植物を手にする必要がある。植物であれ、動物であれ、

性質の変化は遺伝子の変化に起因する。

　例えば、人間の子供は両親の遺伝子を部分的に受け継ぐことで父親、母親のそれぞれに似た性質を示す。植物も基本は同様である。交配の結果、新しい性質が生まれるが、これは遺伝子の新たな組み合わせが生じたからである。

　初期の品種改良では、自然交配あるいは自然に生じた突然変異の結果、さまざまな性質を持つ植物から、特定の作物が選抜されたと考えられる。その後、異なる性質を持つ作物の間で人工的に交配が行われるようになり、選抜のもととなる植物の多様性が増大し、品種改良の可能性が広がった。

　こうした自然交配、人工交配を中心とした作物の品種改良は数千年に渡り行われた。20世紀に入り、メンデルの法則が認められることで、品種改良はより計画的に行われるようになった。メンデルの法則により次の世代の性質が予測できるようになったからである。

組み換えによる文章の書き換え

　メンデルの法則が認められた1900年当時、遺伝子の概念はあったが、その実体はまだ明らかではなかった。1944年にDNA（デオキシリボ核酸）が遺伝子の本体であること、1953年にDNAの二重らせん構造が明らかにされ、しばらくして遺伝子(DNA)を研究対象とする分子生物学が花開き、DNAを試験管内で加工する遺伝子操作が可能となった。

　DNAはATGC（アデニン、チミン、グアニン、シトシン）の4文字で書かれた文章にしばしば例えられる。DNAの加工とは、その文章の書き換えにあたる（ある文章とある文章をつなげることが多い）。

　1973年には、加工したDNAを大腸菌に導入し、大腸菌の性質を変える実験が成功した。このように人工的に加工したDNAを生物に導入し、その性質を変えることを一般に遺伝子組み換えと呼ぶ。1974年、組み換え技術の運用のルールを議論することを目的に米国カリフォルニア州のア

シロマ会議場に世界から100人を超える研究者が集まった（アシロマ会議）。その結果、組み換え技術を野放図に用いるのではなく、一定のルールの下に運営していくことが確認され、その精神は国際的に今も引き継がれている。やがて分子生物学の成果は応用研究にも発展した。

例えば、1980年代には大腸菌でヒト型インスリンを生産し、医薬品として用いることが可能となった。現在では、組み換え動物培養細胞を用いてつくられる医薬品も多い。1983年には植物の組み換えも可能となった。

つまり試験管内で加工したDNAを植物が本来持っているDNAに挿入することができるようになった。DNAはATGCからなる文章と前述したが、植物が持つ文章（DNA配列）に新たな文章をペーストすることになる。この時、挿入（ペースト）される文章、つまりDNAの長さは、かなり多めに見積もっても、殆どの場合、植物のDNAの0.01％以下である。

遺伝子組み換えといっても、DNAの配列が大きく変わるものではないことを知っておきたい。

微生物を使った遺伝子の挿入

では、どうやって遺伝子を挿入するのか。

植物の遺伝子組み換えには複数の方法がある。最も一般的な方法はアグロバクテリウムと呼ばれる微生物を使う方法である（図5参照）。

実は、野生のアグロバクテリウムは植物に感染し、自身のDNAを植物のDNAに挿入し、その結果、自分の栄養をつくらせるなど植物の性質を変化させる能力を持つ。つまり、微生物は人類が登場するずっと前から、自分の遺伝子をほかの植物に挿入してきたのだ。

この微生物の能力を利用して加工したDNAを、狙いとする植物のDNAに挿入する。それが遺伝子組み換え技術だ。自然界で起きていることをまねた技術ともいえる。もっとも、この方法はそれほど成功する確率が高いわけではない。

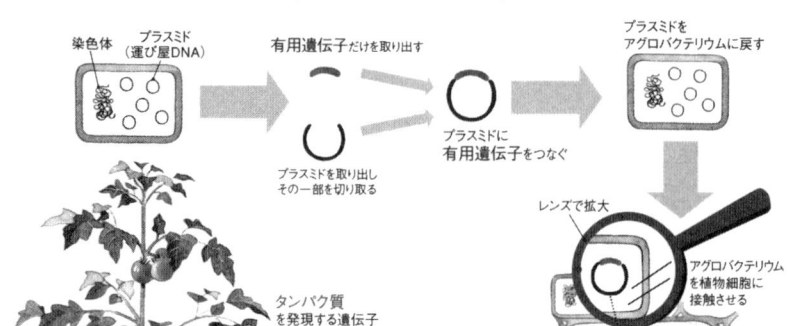

図5 遺伝子組み換え技術の例（アグロバクテリウム法）

[出典]『バイテク小事典』農林水産省

　また、遺伝子組み換えに成功した細胞は肉眼では分からないため、遺伝子が組み込まれた細胞を選抜する必要が出てくる。このとき、多くの場合、抗生物質が使われる。つまり挿入するDNAに抗生物質耐性を示す遺伝子も入れておく。あとで抗生物質にさらせば、組み換え細胞は生き残るので、選抜できる。抗生物質を使わない方法もある。
　組み換え技術といっても、導入したいDNAを植物のDNAの好きな箇所に入れられるわけではない。場合によっては植物の遺伝子を分断してしまうこともあり、DNAの入る場所によっては、植物の性質が予想外に変わることもある。従って、交配によって得られた性質の異なる植物から選抜するように、目的とする植物を選抜する必要がある。
　こうした課題はあっても、DNAの組み合わせの変化を偶然に頼る従来の交配と比べると、組み換え技術を使えば、目的とする性質が得られる確率は格段に高くなる。もっとも導入に使う遺伝子の性質が事前に分かっている必要があったり、組み換え技術が使える植物種が限られるなどの制約

もあり、従来の交配と比べて、すべての面で優れているとは言えない。現在のところ、組み換え技術が最も優れている（と同時に議論の種にもなるが）点は、ほかの生物の遺伝子を利用できることである。

組み換え作物の登場

植物の組み換え技術は当初、遺伝子の働きを調べるための分子生物学の研究に用いられた。一方、この技術を植物の品種改良に使おうと考えた人たちもいた。

1994年、米国で最初の組み換え技術を用いてつくられた作物「フレイバー・セーバー」が店頭に並んだ。フレイバー・セーバーは果皮が柔らかくなるのが遅いトマトだ。熟してから（つまり、うま味が増してから）収穫することが可能で、生食用に開発されたが、ビジネスモデルの失敗から、やがて市場から姿を消した。

1996年には水分の少ない組み換えトマトがつくられ、トマトピューレとして英国で販売されたが、1999年、店頭から姿を消す。組み換え作物に対する懸念が始まったからである。

いま思うと不思議だが、登場した当初は、組み換え作物の安全性に対する懸念は見られなかった。上述のトマトは米国FDA（食品医薬品局）の審査も経ており、フレイバー・セーバーはむしろ期待をもって受け入れられた。日本でも大手企業が組み換え技術を用いたトマトの品種改良に乗り出したほどだ。

そして、1996年には組み換え技術でつくられた除草剤耐性ダイズの商業栽培が大々的に始まった。除草剤耐性ダイズはグリホサート（商品名ラウンドアップ）に対して耐性を持つ。ラウンドアップは基本的にすべての植物を枯らすので、その散布によって、ラウンドアップ耐性のダイズのみが枯れずに残る。つまり雑草だけが枯れ、ダイズは枯れずに生き残る。

この性質はダイズのみならず、セイヨウナタネなどのほかの作物にも導

入された。導入された遺伝子は、土壌細菌が持つ遺伝子でラウンドアップに耐性を持つ酵素をつくる。世界中のダイズのおよそ8割、セイヨウナタネのおよそ3割が組み換え品種とされるが、そのほとんどが除草剤耐性の性質を持つ。

輸入する主要穀物の半分以上は組み換え

除草剤耐性に次いで多いのが害虫抵抗性の組み換え作物だ。

害虫にとって毒性のあるBtタンパク質（Btはバチルス・チューリンゲンシス。土壌などの自然界にいて、昆虫を殺す病原菌の一種）の遺伝子が導入されている。Btタンパク質はBt（バチルス・チューリンゲンシス）菌由来で、人には無害で、有機農業などで生物農薬としても使われている。

害虫抵抗性はトウモロコシとワタに多く導入されている。トウモロコシは世界中で約3割、ワタは約8割が遺伝子組み換え品種とされる。これら除草剤耐性、害虫抵抗性の組み換え作物は、2014年には日本国土の5倍近い世界の耕地の13％で栽培されている。

日本は上記のダイズ、セイヨウナタネ、トウモロコシを大量に輸入している。2014年には約300万トンのダイズを消費しており、そのうち283万トンが輸入、そのうち約200万トンが組み換え品種と考えられる。セイヨウナタネは241万トン、トウモロコシは1500万トンのほぼ全量を輸入し、それぞれ200万トン、1100万トンは組み換え品種と考えられる。つまり、これら約2000万トンの輸入作物のうち、1500万トン程度が組み換え品種と推定される。

日本はこの他、500万トンの小麦、80万トンのコメを輸入しており、輸入している主要穀物の半分以上が組み換え品種と考えられる。輸入作物の大半は家畜飼料に使われたり、表示義務の無い植物油などの食品に加工されたりするため、組み換え作物を消費している実感は希薄である。しかし、好むと好まざるとにかかわらず、私たち日本人の食生活に組み換え作物は

欠かせない。

メリットと問題点

　こうして見てくると、組み換え技術の品種改良への適用は良くも悪くも農業生産、食料供給におけるマイルストーン（一里塚）であることは間違いない。良い点は、生産者あるいは環境保全に多くのメリットをもたらしたことで、悪い点は世界的にみても社会に大きな混乱をもたらしたことであろう。

　生産者に恩恵があることは、組み換え作物の栽培面積の増加から、はっきりと読み取れる。1996年の除草剤耐性ダイズに始まった組み換え作物の栽培面積は18年間で100倍以上に増加した。右肩上がりのグラフの形は日本における携帯電話普及率のそれに酷似している。携帯電話が普及した理由は使用者が便利ととらえたからである。組み換え作物もそれを栽培する生産者にメリットが多かったので広がった。

　具体的には薬剤（除草剤、殺虫剤）の散布回数が減ることで、コストや労働時間が削減され、特に小規模農家の場合、薬剤散布の減少は生産者への薬剤暴露の減少につながる。

　米国における土壌流出の防御につながる不耕起栽培（土を耕さずに種をまく農法。耕さないため、雨や風などで土壌が流出しにくい）にも除草剤耐性ダイズは有効である。

　ただし、この組み換え技術に全く問題がないわけではない。

　除草剤耐性作物の栽培を続けていることで除草剤に強い雑草が出現し、一部の地域では問題となっている。とはいえ、特定の薬剤を使い続ければ、それに耐性を持つものが出現するのは自然の摂理であり、この問題は組み換え作物に限ったことではない。事実、日本の水田でも除草剤耐性の雑草は見られる。

　欠点がなく、永久に使い続けられる技術はそもそもない。

いまの高校生は携帯電話（特にスマートフォン）に平均して1日数時間を費やしているとされる。アプリを通じて個人情報が流出するなどの問題点があっても、大きな反対運動は起こらない。理由は便利だと考える人が多いからだろう。

　組み換え作物にも同じことが言えるのではないか。生産者にとって便利だから世界中に広まったのだ。

　だが、その一方、日本も含め多くの国々で組み換え作物は社会に受け入れられているとは言い難い。メリットがあるのに、なぜ受け入れられないのだろうか。消費者にその恩恵が伝わっていないこと、組み換え作物に対する否定的な意見が多いことが主な理由だろう。

問題なのは独占か組み換え技術なのか

　では、否定的な意見をどう考えたらよいか私なりに考えてみる。

　米国のフリーランスのジャーナリストによる『バイテクの支配者』（Lords of the harvest、2003年）という本がある。肯定的、否定的の両面の視線で客観的に記された良書である。この本の中で著者は、否定的意見は明らかにダブルスタンダードだと述べている。上述の除草剤耐性雑草などはその一例である。また、否定的意見には事実誤認も少なくない。

　例えば、組み換え作物は巨大企業による独占であり、小規模企業は参画できないのでけしからんという意見がある。

　では、パソコンのOSがマイクロソフト社とアップル社によってほぼ独占されている状態はどう考えるのか？　米国政府が独占を問題視したこともあるが、組み換え作物のように市民団体が「独占に反対する！」という動きは聞いたことがない。

　では、仮に巨大企業が「組み換え技術を使わない品種」で市場を席巻したらどう考えるのか。突き詰めていくと、組み換え技術が問題なのか、大企業による寡占状態が問題なのか、がしばしば混同されている。

組み換え品種は豊富にある

　組み換え作物によって市場が独占され、ひとつの品種だけが栽培されることでモノカルチャーが進むといった反対意見もある。

　しかし、実際には、例えば除草剤耐性ダイズといっても、1000種類以上の品種が存在する。除草剤耐性は新たに付け加えられたひとつの性質に過ぎない。これは「赤い」カーネーションにもたくさんの品種があるのと同じだ。

　また、開発企業は除草剤耐性という形質を提供し、種苗会社が、その形質を持つ作物を販売し、農家がその組み換え作物を栽培しだすと、後戻りができなくなり、組み換え作物をずっと栽培し続けなければならないという反対もある。

　実際に、そうしたケースはあるかもしれない（もちろん拘束力はないが）。これは、いったんスマートフォンを使いだすと、なかなかやめられないのと似ている。しかし、そうした理由によるスマートフォンに対する批判は耳にしない。使う側に選択権があれば、こうした批判は説得力に欠けるように思う。

遺伝子組み換えでも、iPS細胞には肯定的

　遺伝子組み換えは「種の壁」を超え、自然の摂理を侵すという反対もあるが、これはどう考えたらよいか。

　種という概念は人間が定義したもので、自然界でも（人間が手を加えなくても）、ほかの生物にDNAが移動することはある。特にバクテリアでは頻繁に見られる。こうしたDNAのほかの生物への移動が、そもそも生物の進化をもたらしたともいえる。

　最近、発表された論文ではアグロバクテリウムのDNAが移動したことで現在のサツマイモの特性が得られたという例さえある。

組み換え技術に限らず、人工授精などこれまでは不可能だったことを可能にした技術に関しては、いつの世も慎重な意見がしばしばみられる。こうした意見は個人の信念によるものだが、iPS細胞（人工多能性幹細胞）やES細胞（胚性幹細胞）などは肯定的にとらえ、組み換え作物は否定しがちなのがいまの社会の風潮である（筆者はiPS細胞やES細胞を否定するものではない）。iPS細胞にも組み換え技術は使われているのに、妙な風潮だ。
　植物の人工授粉だって、人間が意図的にやらなければ、自然には起こらない場合が多い。しかし、こうした人工授粉はすべて自然なこととみなされ、反対する人はいない。
　何が自然で、何が自然でないかの線引きは容易ではない。「神の領域」を侵すという議論もあるが、よく考えれば「神の領域」の定義を明確に示すことのできる人がどれだけいるだろうか。

審査は安全性の証明か

　安全性に関する議論も多い。
　従来の交配による品種改良では、多くの場合DNAにどのような変化が起こっているかは分からない。これに対し、組み換え作物の場合はDNAの変化は完全にではないにしろ、かなり詳しいことが分かっている。さらに組み換え作物は環境への影響、食品としての安全性もしっかりと評価される。こうした厳しい評価が安全性の確保につながるという意見がある一方で、従来の品種改良と比べ、「危険だから、審査をやっているのでは」と反対する人たちも少なくない。そして、しばしば「審査のハードルを上げよ」という意見が出される。
　アシロマ会議で議論されたように何らかの規制は必要であろうが、過度な規制は、皮肉にも、資金力を持つ大企業のみが組み換え作物の実用化を可能にできる状況につながる。
　安全性審査が開発企業によるデータによるものだから信用できず、管轄

官庁が実施すべきといった論調も目にする。

　しかし、世の中に次々と出てくる医薬品、さまざまな工業製品などの大量の新製品が実用化を目指して認可を受けている。これらは開発企業によるデータを基にしているが、だれも反対しない。医薬品も製薬企業のデータを基に審査される。

　なぜ、組み換え作物に限って、自社以外のデータを求めるのか。これもダブルスタンダードの一例だろう。

遺伝子がつくるタンパク質は体内に蓄積しない

　食品の安全性に関する懸念でよく聞くのが、長期あるいは子孫への影響である。今は大丈夫でも、食べ続けたら何が起こるか分からないという心配をどう考えればよいか。

　この種の懸念に答えるのはしばしば容易ではない。少し面倒な科学的知識が必要だから。長期毒性を考慮しなければいけないのは、水俣病の原因となった有機水銀など体に蓄積する物質である。

　組み換え作物と従来の方法でつくった作物の間で何か違いがあるとすれば、導入した遺伝子からつくられたタンパク質だ。しかし、そのタンパク質は、ほかのタンパク質と同様、体内に入れば、消化されるだけである（アレルギーを引き起こす可能性はあるが、安全性の審査でチェックされる）。つまり、遺伝子がつくり出したタンパク質が蓄積して、孫の代まで影響するようなことは起きない。

　しかし、こうした論理はなかなか理解されず、先のことは分からないという不安を払しょくすることは難しいことを痛感している。

　不思議なのは、こうした否定的な意見は、先に述べたように組み換え作物が登場した当初は見られなかったことだ。

　ところが、イギリスでトマトピューレが店頭から姿を消した1999年ごろには、否定的な風潮が欧州連合（EU）を中心にひろがり、まもなく日本

でも浸透していった。日本でのネガティブキャンペーンは欧州連合のキャンペーンの焼き直しであることが多い。

不安と規制の悪循環

そうした中、2001年に日本国内で食品表示が始まった。そして、2003年ごろには、組み換え作物の栽培を規制する動きが複数の地方自治体で始まった。

そのころから、店頭の商品の食品表示で「組み換え原料を使用していません」という表示を良く目にするようになった。逆に「組み換えを使用しています」という表示はまずお目にかからない。

このからくりは、こうだ。

日本は大量の組み換え作物を輸入しているが、それらのほとんどは表示義務のない食品（食用油や家畜のえさ、清涼飲料の甘味料など）に使われるからだ。その一方、組み換え作物を使用していない商品は「使用していません」という表示が行われる。このため、店頭では「使用していません」という表示ばかりが目につく。これが消費者に組み換え作物への不安を植えつけている。

その結果、多くのメーカーは消費者の懸念に応えるべく、ますます非組み換え原料の確保に努め、「使用していません」との表示に走る。

こうした動きは日本に限ったことではないようだ。

組み換え作物に寛容とされる米国でも、表示の義務化を求める動きや、本稿執筆中にも大手ファストフードチェーンが組み換え原料の使用を止める宣言を出すなど組み換え作物を懸念する消費者への配慮が強まっている。

こうした動きに見られるのは、ひとつの悪いサイクル（悪循環）だ。

消費者が不安を持つから、組み換え作物を排除しよう（あるいは不使用表示をしよう）とメーカーが考える。その結果、消費者は、組み換え作物に

対する不安を増加させる。このサイクルが回ることで、組み換え作物に関する不安は増大していく。

　自治体の規制も同様だ。規制の理由は消費者の懸念である（安全が確保されていないからではない）が、消費者は規制により懸念を強める。組み換え作物が不安視されている社会にいれば、懸念を抱くことは当然かもしれないが、現実を正しく直視すれば多くの人の考えは変わるだろう。

マスコミの両論併記の弊害

　ただ、現実を直視するといっても、現実は厳しい。

　筆者の情報提供で考え方が180度変わったという声も聞くが、圧倒的多数の人はマスコミから情報を得ている。そのマスコミから取材を受ける際に面白くさえ感じることが両論併記の原則だ。

　組み換え作物に関する記事（ニュース）を書く時は、必ず否定的な意見も併記して報道することが決まりらしい。もちろん、多様な意見を伝えることは重要なので、偏った報道はよくない。

　しかし、専門家の多くが組み換え作物に関する否定的な意見に関して否定的である状況で両論併記がなされると、大半の科学者が「組み換え作物は食べても安全だ」と考えているのに、まるで双方の意見が拮抗しているかのように読者に伝わってしまう。

　さらに、一般に不安な情報に対して人は敏感なので、その結果として、読者は組み換え作物に関して否定的な考えを持つようになる。つまり、専門家の意見と読者の認識がマスコミのフィルターによって逆転することは少なくない。

　また、このマスコミ報道にも、先に述べた悪いサイクルが見える。取材に来た記者が組み換え作物に関する現実を直視した記事を書くが、デスクがそれを訂正するそうだ。読者が組み換え作物に懸念を抱いているから、その意に沿った記事にしようということらしい。マスコミに否定的な内容

の記事が載る結果、読者はますます懸念を深める。

　幸いというか、ここ数年、組み換え作物に関する表立った動きはない。悪いサイクルは止まっているようにも見える。組み換え作物を推進する必要はないが、このあたりでサイクルを逆に回して、組み換え作物に関する現実をもっと直視しても良いのではないか。特にマスコミの人は現実を伝えるニュースを流してほしい。

発がん性試験の不備

唐木英明
東京大学名誉教授

　動物や植物の身体と機能をつくるための設計図が遺伝子（DNA）であり、これを書き換えれば、身体の形も働きも変わる。遺伝子組み換え（GM）は作物の遺伝子に望ましい形や機能をもたらす新たな遺伝子を組み込むことで優秀な作物をつくり出す技術で、20年近く前から世界中に広がり、トウモロコシ、大豆、綿など多くのGM作物が生産されている。

　遺伝子がつくるのはさまざまなタンパク質で、一部のタンパク質は生体内物質をつくる。問題はGM作物に組み込まれた新たなタンパク質や成分がアレルギーやがんなどの悪影響を持たないかである。振り返ると大豆、米、小麦、そば、ピーナッツなどはアレルギーを引き起こすタンパク質を含み、ジャガイモはソラニン、大豆はトリプシン阻害酵素などの有毒成分を含むなど、多くの作物にリスクがある。そしてわれわれは長い食経験の中でリスクがある作物をうまく利用する方法を学んできた。

　これらの作物に必ずしも食経験がない新しいタンパク質を付け加えたものがGM作物で、その安全性試験は「意図した成分だけがつけ加えられ、意図しない成分ができてはいないか」「新たに付け加えられた成分に毒性がないか」を検討する。その詳細は食品安全委員会ウェブサイトに掲載されている。

　新たに加わったタンパク質や成分は通常微量であるため、GM作物からこれらの物質を抽出して遺伝子や細胞、そして実験動物を使って試験が行われる。一方、GM作物をそのまま実験動物に食べさせる実験はほとんど行われない。それは、GM作物の中の新たな成分が微量であるため、実験動物の餌にGM作物を混ぜる程度ではその成分の影響はほとんど見られないという「感度の悪さ」のためである。そのため抽出した成分を使って

リスク評価が行われ、安全性が確認されたものだけが商業栽培されているのだが、これらの作物が市場に出てから20年近く問題は起こらず、安全性試験の正しさは証明されている。

実験の不備

　ところが2012年にフランス・カーン大学のセラリーニ氏らが、GMトウモロコシをラットに食べさせるとがんが増えたという論文を『食品化学毒性学』(Food and Chemical Toxicology) という科学雑誌に発表した。そこに掲載された巨大な乳がんを持つラットのカラー写真のインパクトが強く、一部のメディアや反GM団体がこれを大きく取り上げた。この論文には以下のような記述がある。

　「GMトウモロコシを11%、22%、あるいは33%混ぜた餌をラットに2年間食べさせたところ、メスの死亡率は通常の餌を与えた対照群の2〜3倍で、死亡時期も早かった。また対照群より高い割合で早期に乳がんが発生した。オスでは肝臓と腎臓の障害の割合が多かった。」

　しかし、これまでの多くの研究で既に繰り返し安全性が証明されていたGMトウモロコシに、今さら、がんを増やす作用が見つかる可能性はなく、専門家には信じられない内容だった。そして多くの専門家がこの論文の内容を検討し、以下のような問題点を指摘した。

①セラリーニ氏らはSDという系統のラットを使い、ラットの寿命に近い24カ月間飼育した。SDラットは17カ月以上になると、70%から90%程度ががんを自然発症するが、彼らの実験でも正常の餌を食べさせた対照群のラットでも10匹中5匹に乳がんが見られた。GMを食べさせた試験群では、これが7〜8匹になっているが、このような小さな差はSDラットががんを自然発症する変動の範囲内である。
②動物実験には個体差があるので、対照群と試験群の差に統計学的な意味

があるのかを知るためには、90日間の動物実験の場合には1群10匹、さらに長期の実験では20匹以上、発がん性試験の場合には50匹以上のラットを使うように、OECD（経済協力開発機構）ガイドラインは定めている。しかし、彼らは発がん性試験に1群10匹しか使っていないため、統計学的な検討を行ったとしても、変化の意味を正確に判断することは難しい。

③しかも、彼らは統計学的な検討を十分に行わず、都合のいいデータだけを取り上げ、都合が悪いデータは無視している。例えば雄ラットでは11％の割合のGMトウモロコシを食べた群が一番早く死ぬが、22％と33％の割合のGMトウモロコシを食べると、通常の餌を食べた雄ラットより長生きしている。彼らは、少量のGMトウモロコシはがんを増やすと述べているが、多量のGMトウモロコシの摂取ががんを予防する効果は無視している。統計学的な検討を行うために十分な数のラットを使わず、しかも統計的な検討結果を発表しないのは、実はGM作物には統計学的に意味がある作用がなかったためであり、あいまいな結果を示すのは、自説を押し付けるにはそれが都合がいいからとしか考えられない。

④最後は動物愛護の観点である。彼らの論文には巨大な乳がんを持つラットの写真が3枚掲載されている。実験の目的はがんができるかどうかなので、がんを確認したら、それ以上実験動物を苦しませないために安楽死させるのが研究者の倫理である。がんが巨大になり、動物が苦しんで死ぬまで放置して実験動物を虐待し、その写真を掲載した理由が、ショッキングな写真を掲載することでGM作物の恐怖をあおるためであれば、彼らの人間性が疑われる。

東京都の長期試験では影響なし

多くの研究者の批判を受けて、セラリーニ氏らの論文を掲載した科学雑

誌はこの論文を取り消した。従って、この論文は存在しないのだが、GM反対派のウェブサイトにはまだこの論文が掲載され、GMトウモロコシには発がん性があると言い続けている。そして、彼らは都合がいい言い訳をしている。

　例えば、SDラットについては、GMトウモロコシを開発したモンサント社の実験と同じラットを使ったのであり、自分の実験が間違いというのならモンサント社の実験も間違いだと主張する。しかし、これは反論になっていない。SDラットは17カ月以上になると多くががんになるので、モンサント社のように3カ月の実験に使っても問題はないが、セラリーニのように24カ月の実験に使うと、自然発症のがんと発がん物質によるがんとの区別が難しくなるからだ。

　それではセラリーニ氏が主張するように、長期間にわたってGM作物を食べさせる試験は必要なのだろうか。この問題については、筆者も関与した論文で詳しく検討した。GM作物を長期間実験動物に食べさせる実験が必要な理由とは、「①遺伝子を挿入する作物に存在せず、挿入した遺伝子にも関係がない、意図も期待も予測もしなかった成分がGM作物に含まれる」「②その成分には毒性がある」「③GM作物の成分分析をしても、90日の動物実験をしても、その成分は見つからない」「④しかし、GM作物を実験動物に生涯食べさせる実験をすれば、その成分の毒性が見つかる」という4つの条件が満たされたときだ。

　この点を検証するために、これまでに発表された多くの論文を詳細に検討した結果、①から③までの可能性はほとんどないこと、また④のGM作物を長期間実験動物に食べさせる実験は前述のように実験の「感度」が低く、新たな発見があった例はないことが分かった。そして、感度が高い試験管内実験などを使うほうが正確で効率的に発がん性を検出できるのだから、長期間にわたってGM作物を食べさせる試験は必要ではないと結論した。

　しかし、それでも納得しない人もいる。そのような人のために紹介する

のが、東京都健康安全研究センターが2005年に行った実験である。試験は餌に30％のGM大豆を混ぜて、これを雌雄各70匹のラットに食べさせて、24カ月間観察している。その結果、生存率も、体重も、がんの発生も変化がなかった。同じGM大豆入りの飼料をマウスに食べさせて親子2世代にわたって観察したところ、交配率、妊娠率、出産率、子供の数や発育状況に何の変化もなかった。

　最後に、残留農薬研究所の青山博昭博士の調査を紹介する。同研究所ではさまざまな化学物質の発がん性試験を繰り返し行っているが、そのような実験で通常の飼料を食べさせたラットに発生したがんの記録がある。これを見ると、1993年から1995年に行われた9つの試験と、1997年から2012年の間に行われた15の試験とでは、ラットががんになる割合も死亡率も全く変化がない。1995年以前はラットの飼料に含まれるトウモロコシにGMはなかったが、1997年以後はほとんどすべてのえさがGMに変わっている。

　ということは、もしGM作物にがんを起こす作用があるならば、1997以後のラットにがんが増えていないとおかしいことになる。言い換えると、GMトウモロコシにはラットにがんを起こす作用も、寿命を短くする作用もないのだ。この青山氏の調査結果は非常に説得力がある。

　最後に、科学というものは、裏から見ればデータの蓄積である。20年近く積み上げられたGM作物の安全性に関するデータの蓄積が、たったひとつの論文ですべて崩れるような事態は想定できないことを付け加えておく。

研究者と市民の橋渡し役

笹川由紀
くらしとバイオプラザ 21・主席研究員

　私は長年、研究者と社会の間に位置する立場で仕事をしてきた。2009年5月から約6年間、独立行政法人農業生物資源研究所（現在国立研究開発法人。以下、生物研と略す）に在籍中は、遺伝子組み換え作物や組み換えカイコの情報発信、コミュニケーション活動に携わり、社会と多い年には約1200人の市民（ここではアグリバイオ分野の研究者以外の人々を便宜上こう呼ぶ）と接してきた。

　私自身は分子生物学の基礎的内容は理解できるが、品種改良や遺伝子組み換え作物の直接の研究者ではない。遺伝子組み換えのコミュニケーションの現場にいる人間として、生物研で行われてきた遺伝子組み換え作物の実物や栽培施設の見学の事例を中心に、そこで得られた経験や感じた遺伝子組み換え作物・食品に対する社会的受容についていくつか述べたい。

　生物研では、開発した遺伝子組み換え作物における遺伝子組み換えイネ等の栽培実験を「隔離ほ場」（研究開発段階の遺伝子組み換え作物を栽培する専用の畑とその施設）で毎年行っている。また、「展示ほ場」として毎日の生活で私たちが食用油などの形で消費している遺伝子組み換え作物の代表格である害虫抵抗性トウモロコシや除草剤耐性ダイズを栽培していた。

　展示ほ場の目的は、実物を見ながら農業技術について考えるきっかけをつくることだ。これら2つのほ場は見学可能であるので、希望者や研究所見学者には時間が許す限り、会議室から屋外に出て、施設や作物を目の前にした対話の場をつくっている。

実物を見せることが効果的

　これらの取り組みを通して感じたことのひとつは、現場を知ること、実物を見ることは、遺伝子組み換え技術の理解を深めるのにきわめて効果的だということだ。

　隔離ほ場では遺伝子組み換え作物が決められた区画外に出ないよう、また非組み換え作物の作物に混入しないように、周囲に網を張るなど施設面や管理面で工夫されている。野外での栽培実験のみならず、実験室における遺伝子組み換え生物の取り扱いは細かなルールに基づいて管理されているが、多くの市民はその実態を知る機会が少ない。そのため、遺伝子組み換え実験が管理されながら行われている現場を目で見て、知ることができて、納得したり、安心したりする方が多かった。

　展示ほ場では、例えば、遺伝子組み換え害虫抵抗性トウモロコシと非組み換えトウモロコシを殺虫剤の散布なしで並べて栽培していた。組み換えの有無や品種間で虫食い被害に差がでてくるのだが、これを市民に観察してもらいながら、遺伝子組み換えトウモロコシの利点の他、農薬の利点や有機栽培をしている生産者の苦労、それらが食品の購入にどのように影響し、消費者の利点になっているのか、まで併せて説明した。

　遺伝子組み換え以外のことも含めて話をすることは、農業技術の多様性と共存、さらに生産者のメリットは消費者のメリットにもなることを考えるきっかけを与えることになる。講義だけの場合よりもスムーズに話の内容を受け入れてもらえた。

選抜の過程も見せて不安解消

　これらの取り組みは「百聞は一見にしかず」であり、直接的あるいは間接的に遺伝子組み換え作物や食品の理解を深めるのに効果的である。そして、ほ場の作物は夏が"見ごろ"である。研究者が暑い中、汗をかきなが

遺伝子組み換え作物の展示ほ場を見学する人たち（2012年）

ら説明する姿に感動する市民も多い。

　また、研究開発の段階では安全性を確保することも含め、目的に合ったより良い組み換え品種を選び、それ以外のものは捨てる（サンプルとして取っておくことはあっても）"選抜"という過程がある。その場面により数十〜数万の中からひとつ〜数個の品目を選ぶ作業を、研究者は苦労しながら行っているが、この選抜という過程があることを知り、安心する市民も少なくない。

　市民から見ると、遺伝子組み換えをすれば、目的のものだけが一度にできて、それがそのまま商品化のステップに進むのではないか、それではほかに不具合な部分があっても確認されずにいるのではないか、との不安につながっていたのだ。その意味で選抜の過程を見せる意義は大きい。

市民は意外に冷静かもしれない

　私が感じたことの2つ目として挙げたいのは、市民は遺伝子組み換え技術や食品を避けているばかりではなく、実生活の中で案外と受け入れているのではないか、ということだ。「遺伝子組み換え食品は市民に受け入れられていない」というのは、実はステレオタイプなイメージで、現実と少し違うのではないかと感じている。これは意外に思われるかもしれないが、遺伝子組み換えの科学コミュニケーションの現場にいる人は、同様の感想を持つ人が少なくない。声を大きくして、遺伝子組み換えの危険性を指摘する市民もいるが、いわゆるサイレントマジョリティーである大多数の市民は違っているように感じる。これは1990年代以降、根気よくコミュニケーションを続けてきた研究者をはじめ関係者の努力の成果だと思う。

　生物研で活動した6年間、私は「組み換えは絶対にいや、食べたくないわ」という声よりも「科学のことはよく分からないけど、既にみんながたくさん食べていて、今まで問題はないわよね」「食べるのが少し不安だったけど、あなたたちの話を聞いたら安心したわ」という声のほうが多かった。前述の展示ほ場で栽培していた害虫抵抗性トウモロコシを見て、自分も栽培してみたいとか、組み換えであるなしに関係なく、良い品種の作物を栽培したいという生産者の声もあった。

　アンケート調査などで改めて遺伝子組み換え作物や食品について聞かれれば、「自分は詳しく知らないし、メディアでは体や環境に悪いと書いてあるし……」という思いから「不安だ」と回答する人もいるだろう。一方、ここ数年で大手スーパーはコストを抑えて良質な製品を供給するため、プライベートブランド（PB）製品に不分別表示（「不分別」は組み換え、非組み換え原料を区別しないで流通しているため、組み換え作物の原料が使われている可能性が高い）の食品が増えている。スーパーに行くと、数十円高い"組み換え不使用"表示の製品よりも、"不分別"表示の製品が陳列棚に多く並べられ、自分も含め多くの市民が買い物かごに入れている。これらの反応を見ても、

意外と多くの市民が遺伝子組み換え作物や食品の利用を受け入れていると考えてよいのではないだろうか。

ちなみに2015年現在、つくば市内には4カ所の隔離ほ場があり、近年はそのすべてで遺伝子組み換え作物や組み換え樹木が試験栽培されている。いずれも栽培前に住民説明会を開催しているが、ここ数年、つくば市内では大きな反対活動は起きていない。遺伝子組み換えに対して非常に慎重な立場の市民団体もあるが、安全管理を十分に行うことを前提とした研究開発には理解を示してくださっている（ただし、食べることや企業宣伝になるようなことには慎重である）。これも、つくば市内の研究機関の研究者が実験の安全管理を徹底すると同時に周辺住民とのコミュニケーションを重ねてきた成果だと考える。

市民も研究者も、異なる意見に耳を傾けよう

もちろん、市民の持つ不安はさまざまで、情報提供や会話の中で解消しない不安もある。それが倫理観などを伴った感覚や感情、信念である場合、その場で無理やり修正しようとしないことが大事だと考えている。自分と異なる意見の市民に対して、研究者は研究者の感覚で、必死で説明してしまいがちだ。しかし、たとえそれが事実誤認によるものだとしても、市民側は自分の気持ちを否定されたと感じ、心を閉じてしまう。逆に、残念ながら研究者の話に最初から聞く耳を持たない市民もいるのは事実で、この場合は研究者が疲弊してしまう。

大事なことは、市民と研究者がお互いに、異なる感覚や感情、意見を一度は受け止める姿勢を示すことだ。その上で、自分はこう考える、と伝えるだけで市民の受け止め方は違ってくる。立場が違えば、感情や意見にギャップがあって当然で、それをいかに小さくするかは、両者の歩みよりが必要だと痛感している。

さまざまな科学技術に関する科学コミュニケーションの狙いとしては、

最終的な目的は市民と研究サイドとが相互に信頼を深め、関係を良好に保つことだ。「社会の受容度が上がってきたから」とか「感情的に反対する部分は何をどう説明しても変わらないから」と言った理由で相互の信頼を培う活動を止めてはいけない。ここで紹介したのは小さな活動であるが、小さな点が線となり、面となっていくことが市民と研究サイドの関係を良好に保つことにつながると考えている。

分子生物学の研究が進み、新しい技術が農業分野でも応用されはじめた。遺伝子組み換え作物の科学コミュニケーションを十分かつ丁寧に行うことが、次の新しい技術の社会受容にも役立つのではないだろうか。

コミュニケーション活動に支援を

ただ残念なことに、研究者の地道なサイエンスコミュニケーション活動には、どの研究機関でも、内部ではその努力に見合う評価がされにくい現状にある。論文のインパクトファクターが研究者の評価を大きく占める傾向にあるためだ。多くの研究が税金で賄われていることを考えても、遺伝子組み換えに限らず、研究活動を継続するには出資者である市民の理解が必須である。組織や国が遺伝子組み換え研究や作物利用に関する方針とともにコミュニケーション活動も率先して行う姿勢を示し、現場に対しては人的・予算的な支援や研究者のモチベーションが高まる仕組み作りを検討して欲しいと思う。

2章

生産者と消費者の目

なぜ GM 作物に興味を持つのか

宮井能雅
農業生産者

　「来年・遺伝子組み換え栽培の計画」。こんな見出しの記事が、2004 年 10 月 1 日、毎日新聞・北海道版の一面を飾った。私の夢を描いた記事だったが、この計画は実現せずに終わった。

　しかし、実は、1998 年に東京ドーム 1.2 個分の 5 ヘクタールに、また 1999 年には約 4.6 ヘクタールの畑に、モンサントが特許を持つ GM（遺伝子組み換え）大豆を播種・栽培し、収穫までした。そして、当時の大豆取引の主流であった政府絡みの交付金をいただいた経験がある。

　なぜ、栽培したのか。

　アメリカでは 1996 年から GM コーンの栽培が始まり、その後、GM 大豆の栽培が普及していった。その過程をアメリカで実際に見聞きしていたので、自分でもこの GM 技術を北海道の地で実証したくなったのである。

　1997 年暮れにアメリカ人の知り合いを通じて、除草剤のラウンドアップに耐性のある、つまり、この除草剤をまいても枯れない GM 大豆の種子約 400 キログラムを入手した。もちろん、正式な検疫を受けて輸入した。

　「収穫された GM 大豆は翌年以降、種子に使用しないこと」や「モンサントの査察を受けること」などの契約事項があったのを覚えている。この査察を受けるという項目が、よく聞く「モンサント・ポリスがやって来て、農家の大豆調査をする」というものだろうが、実際にモンサントとトラブルになり、罰金請求までいった例があるかを現地で聞いてみたが、うわさ程度でひとりいるかどうかというくらいの話だった。反対派のいうモンサント・ポリスという言い方は、どう見ても大げさな印象をもつ。

見事に雑草だけが枯れた

　私がGM種子を播種したこの土地は、50年前までは原野だった。沼地を開拓して水田になった所だが、政府の減反政策もあり、1970年から米以外の畑作に転作することになった農地である。

　もともと水田は雑草がいっぱいで、そこを畑に転換しても、大豆栽培の天敵である雑草のアカザ、タデの発生には頭を痛めていた。

　GM大豆の栽培を試すには、この畑が一番に違いないと思っても、本当にほぼすべての雑草をコントロールできて、大豆がすくすくと育つのか心配だった。

　そこで畑の片隅の一坪程度に、早めに、そして霜の影響がない5月上旬にGM大豆を播種して発芽を待った。大豆が成長して2週間後にラウンドアップ除草剤を、指定された量を水で希釈して、散布して観察することにした。

　うわさ通りと言えば、失礼なのだろうが、大豆は色も変わらず、すくすくと育ち、周りの雑草は枯れて、色が変わり始めているのが確認できた。

　そこで、5月下旬、半日程度で無事、播種作業を終え、実際の生育状況を確認することになった。播種して1ヵ月で大豆は3葉期になったが、予想通り、雑草のアカザやタデがにょきにょきと発生してきた。

　ラウンドアップを指定された量（1ヘクタールあたり2リットル）を散布した。1週間経過しても、大豆の生育にはまったく影響がなかったが、雑草はすべてなくなった。

　しかし、種子のパンフレットには2回使用可能とある。そこで大豆の開花期は播種後8週間目くらいなので、開花期の薬害を避けるために播種して7週目にあえて2回目のラウンドアップ散布を同量で行った。

　結果は見事であった。やはり大豆の生育にはまったく影響がなかった。秋になって、収量が気になった。

　残念ながら、収量は日本の平均的な収量の1ヘクタールあたり1.8トン

農場の作業場と乾燥施設と倉庫。麦刈りあとのストローをロールにして畜産農家に提供する

と同じだった。2年目の収量も同程度だった。

　収量が同程度だった理由について、アメリカの生産者に聞いたところ、既存品種よりも収量が悪いものと分かった。もちろん、これにはちゃんとした育種としての理由があった。

　私の農場は、アメリカのミネソタ州南部の気候とほぼ同じ条件である。しかし、1998年当時はこのミネソタで十分活躍できるGM大豆の育種が間に合わなく、収量がアメリカでも既存の品種よりも良くなかったことが分かった。

　しかし、個人的には結果に満足した。

　現在、米国の北部ミネソタでは1ヘクタールあたり3トン以上の収量が当たり前なので、米国北部のGM大豆はこの15年間で収量は50%以上も上がったと言える。これに対し、日本では過去50年間、1ヘクタールあたり1.8トン程度のままである。よく日本のGM反対派が「GM大豆で収量が悪くなる」と言うが、それは根拠のないデマだと思う。

GM大豆の優位は収量アップ

　こうしてGM大豆を試してみたわけだが、本音を先に言えば、ノンGM（組み換えでない従来の大豆）大豆はつくりたくない。
　なぜか。私が知る限り、大豆の生産者の収入は、小麦も含め、政府の交付金制度（補助金制度ではない）で支えられている。条件や規格にもよるが、大豆だと60キロあたり最大1万1660円交付される。ただし、大豆の品質が2等や3等の規格になると交付金も安くなる。
　この交付金制度は国産大豆そのものの価格が低いから、交付金が高くなるわけではない。他府県のことは分からないが、北海道の大豆生産者が受け取る価格（交付金を除いた大豆のみの価格）は、横浜着のアメリカ産の食用大豆よりも安い場合が多い。しかし、現実には「国産大豆は人気がある」などという大きなうそがまかり通っている。
　GM大豆の価格が現在の食品用よりも安くなり、一般的な油脂用になったとしても、交付金の額が変わるわけではないので、生産者にとっては収量アップが大きな目標となる。その点において、GM大豆が優位に立つ。なぜ、GM大豆を栽培したいかの答えは、労力の削減と収量アップである。収量が増えれば、交付金も増えるからだ。

農地の規模拡大の対応にもGMは優位

　この北海道でも、農業の継承問題がある。生き残るには、あと10年後には現在の2倍程度の面積に対応しなければならない。面積が2倍になれば、収入も2倍になるが、いまの2倍の労働時間を働くことは不可能なことである。そこで、同じ労働時間で2倍の面積に対応できる技術が必要になる。それがGM作物なのである。
　そういう労力の面でもGM大豆が有利になる。大豆の収量が1ヘクタールあたり3トン程度コンスタントにあれば、どんなにすばらしいか。

毎年 10 月下旬に収穫する納豆用国産大豆。大豆の下の作物は翌年収穫する秋まき小麦

　しかし、大豆で一番苦労するのはなんといっても、雑草管理だ。大豆栽培中の雑草対策は全作業の 50％を占めると明言できる。ただし、除草剤ですべての雑草管理の問題が解決できるわけではない
　緯度の高い北海道は、緯度の低い九州に比べ、夏の日射量がまったく違う。結果として、北海道ではより太陽を求める自然の摂理なのかもしれないが、葉の形が広い雑草（広葉雑草）が発生しやすい。そうなると大豆と広葉雑草が競合することになり、除草剤の選択が難しくなる。
　そうなると北海道における広葉雑草対策は、だれが責任を持つのか？
　もちろん、現場の生産者である。基本は土壌管理になるが、それが難しいことは開拓以来 70 年もやってきて、いまだだれも解決できていないのが現状だ。
　では、除草剤でコントロールしきれなかった雑草は手で取るのか？
　冗談ではない。東京ドーム 12 個分の 50 ヘクタールの大豆畑を手で取っていたら、100 人いても、1 年で終わらない。

2 章　生産者と消費者の目

炎天下にコツコツと鍬を使って作業をする出面さんと呼ばれる愛すべきおばちゃんの存在は、とうの昔に郷土史の片隅に追いやられてしまった。働き者の中国黒竜江省出身の人でもやりたがらないのが現実だ。こういう事情があるからこそ、GM大豆を栽培したのだ。

GM大豆は消費者の利益にもなる

GM大豆とは、ラウンドアップ（グリホサート）という特定の除草剤をまいても枯れない作物である。よくメディアでは「除草剤耐性の大豆」という表現をしているが、どんな除草剤にも強いわけではない。もしそんな除草剤耐性のGM大豆が誕生したら、それこそ、どの生産者も雑草管理で苦労しないだろう。

このラウンドアップは30年以上前から、世界中の農場や一般家庭用でも販売されている除草剤だ。安全性のひとつの目安である急性経口毒性試験では、食塩よりも毒性が低いくらいだ。GM大豆畑にこの除草剤を開花時期前に1〜2回使用することでほぼすべての雑草が枯れて、大豆はすくすく成長するのだから、回りまわって、日本の消費者の利益にもかなっていることは明らかだ。

50年間も収量生産性が不変でよいのか

これまでの説明でGM大豆のメリットはお分かりだと思うが、実は、そもそも大豆づくりはけっこう難しい。工業製品みたいな"規格"があるからだ。

私のつくった大豆や小麦は見栄え重視の準国家検査で仕分けされ、そのあとは加工業者の評価ですべてが決まると言っても過言ではない。

どれだけ見栄えがいい大豆であっても、豆腐の原料として適性がなければ、大豆の価値が落ちる。国産小麦も、パンやうどん粉への適性がなければ、

集荷業者からすぐに鶏舎に直行する場合もある。そしてもっと残念なことに、このような日本食に適した納豆、豆腐、うどん粉の多くはアメリカ産、カナダ産、オーストラリア産であるという事実だ。

残念なのは、国内の法律では、GM作物の栽培は可能なのに、北海道などローカルな法（条例）では、実質的にGM作物の栽培は不可能に近い状態が続いている。

8月下旬ごろの納豆用国産大豆

それでいて、日本は1000万トンを超えるGM作物を毎年、輸入して国内で利用している。それなら、「私がそのGM作物を国内でつくってあげましょう。輸入しなくてすみますよ」というと、猛反対にあう。こういうふうに、GMに否定的な意見がまかり通る異常さを知ってほしい。

最後に私の出自にもふれておこう。

私は北海道長沼町で大豆や麦を108ヘクタール栽培する入植3代目の農家である。祖父は香川県出身。北の新天地に思いを馳せ、教員、その後国鉄職員になった。50歳を過ぎたころから、原野だったこの土地で開拓を始めるが、不在地主でもあったので、小学校の社会の教科書通りにGHQの命により多くの農地を強制売却することになった。そのような過程を見てきた2代目の父ではあるが、決して反米に染まることなく、アメリカの影響力が強い戦後の1年ほどではあるが、国防の中核をなすべく警察予備隊に入り、その後、昭和43年から祖父の相続で5ヘクタールのスタートではあったが、高度経済成長における税収入アップは農業政策に反映されることになった。そして3代目の私は農政の枠組みで粛々と生きていることになる。

この地方では入植4代目や5代目が多いが、幸か不幸か親から農業に対

するいやらしいしがらみや、時代背景として可能性があった負の農村社会を学んでいなかったので、今でも思い切った行動に出ることできる。

　そのせいか、私はアウトロー的な存在に思われているかもしれない。しかし、ただ闇雲に吠えているわけではない。

　日本の大豆生産者は、50年もの間、収量性が変わらないことに危機感を持たないのだろうか。私は北海道でGM作物を栽培するメリットを確信している。

　少なくとも既に国民全員が間接的に食しているGMの飼料用大豆と一部の国産の非GM大豆は共存できるはずだ。ならば、いまは輸入している飼料用のGM大豆は、国内でもGM作物に替えてもおかしくないはずだ。それは消費者の利益にもかなうことだと信じている。

GM作物は北海道に有益

小野寺靖
農業生産者

　私は一農業者として、遺伝子組み換え（GM）作物に大きな可能性を感じています。

　私が初めて遺伝子組み換え作物の存在を知ったのは、1996年の農業新聞の記事でした。除草剤のラウンドアップ（成分名はグリホサート）を散布すれば、雑草だけが枯れ、大豆は全く影響を受けることなく育つという内容でした。日々雑草に苦慮する農家には夢のような技術だとすぐに悟りました。

　私自身は大豆を栽培していませんが、この技術はほかの作物でも当然できると思い、大きな期待感を持ちました。

　この技術を知ったとき、私が農業大学校の学生時代に体験した、草刈鍬での人力の除草作業を思い出しました。手を使った雑草取りが好きな人はだれもいません。大学校で農業技術を勉強する中で、どうしてこれほどテクノロジーが進んだ時代に人の手による除草なのか！と疑問をもったほどです。

農業だけが時代遅れに感じた

　高校時代の友人たちはほかの産業で電子工学や土木建築、自動車工学などを勉強していました。私には、農業だけが時代遅れの代名詞のように思えました。当時、農業大学校の寮で酒を飲みながら、この大嫌いな除草作業をどうしたらよいのか、ひとり静かに嘆いていたのが懐かしい思い出です。

　すると、あるとき、ひとりの友人が「作物にラウンドアップへの耐性を

持たせればよいのでは」という話をしたことをいつも思い出します。その時、私は、まさかそんな技術が生まれるものとは予想もできず、「おい、○○君、お酒の飲みすぎだよ。早く寝なさい」と言ったものです。それくらい辛く、単純でカッコ悪い仕事、それが人手による除草なのです。

　それを解決してくれたのが、夢の技術であるGM作物なのです。

　このような話をすると、「従来からある除草剤を使えばよいのでは」と言われる方もいます。しかし、従来の除草剤は土壌水分や雑草の生育ステージ、発生時期などで効果が異なったりして、非常にデリケートなものです。いつも除草に成功するとは限らないのです。下手をすれば、失敗して人力で除草する羽目にもなりかねません。畑の面積が数ヘクタール、何十ヘクタールともなると、その失敗は経営にも大きく影響します。こういう苦労はおそらく一般の消費者にはなかなか伝わらないでしょう。

GMの甜菜が生まれたらすばらしい

　世界的には除草剤に強いGM大豆が普及していますが、北海道で考えると、除草剤に強いGM甜菜が生まれたら、どんなによいかと思います。

　というのは、私が甜菜（シュガービート）を栽培しているからです。実際、GM甜菜ができたら、どんなふうになるか考えてみました。

　私の住む北海道オホーツク海岸の近辺では、小麦、馬鈴薯、甜菜の3年輪作が多く、私も約30パーセントずつの作付けをしています。甜菜は3月からビニールハウスで播種、育苗し、5月初めに定植し、10月後半から11月初めに収穫します。生育期間が長く、豆類と並んで、雑草に非常に苦労する作物です。6月初めに除草剤を散布しますが、除草の効果は土壌水分や散布後の天候に大きく左右されます。もし、これがラウンドアップレディ耐性の甜菜（GM甜菜）なら、どんな気象状態でも、完全な除草ができると思います。

　残念ながら、いまは、残った雑草は人手による除草で対処しています。

畑に立つ小野寺さん

　炎天下のなかで黙々とやっているのです。10アール当たり約2時間の労働時間が必要です。1ヘクタールは10アールの10倍ですから、広い面積だと除草だけでも重労働なのです。私の場合、除草に約30人の労働力が必要です。北海道の多くの農家は家族経営です。この辛い労働はどうしても妻や祖母の負担になります。場合によっては人材派遣などを頼み、女性がやってくることもあます。どちらにせよ、除草剤散布のタイミングに失敗すれば、よりたくさんの労働力が必要になります。このような単純で肉体的にも精神的にも辛い作業は「いまの農業から、なくなってほしい」と思うほど辛いものなのです。

　また、除草剤のコストも、甜菜においては大変高額です。私の経営全体の除草剤の経費のうち、なんと約70%が甜菜に使われています。ほかの作物の約3倍のコストになります。こういう実態を知ったうえでGM作

物の是非を論じてほしいと思っています。

北海道で実証実験をやりたい

　GM 技術を利用すれば、私の試算では、トータルコストで12％、また労働時間では20％程度の削減が実現できるでしょう。雑草の心配がいらなくなれば、直播（育苗せずに直接、種子を畑に播く方法）栽培によって、コストは30％、労働時間で50％以上の削減が可能になるでしょう。是非、実証試験を北海道の大地で行いたいです。

　北海道も近い将来、農家戸数は半分以下に減るでしょう。規模拡大で苦境を乗り切るには、今の作付け面積を2〜3倍にしないといけません。しかし、作付け面積を増やすことに成功したとしても、そのあとの除草作業

種は機械でまく。小野寺さんの畑で

をどうやってやるのでしょうか。人力ではとても無理です。私たちに代わって、消費者があの辛い除草をしてくれるのでしょうか？

　GM作物に対する不安を訴える方々がいらっしゃいます。その気持ちは分かりますが、こちらの気持ちも理解してほしいのです。

　確かに日本では法律の上では、GM作物の栽培は禁止されておりません。しかし、かつて私たち農業者がGM作物を栽培したいと申し出たところ、消費者団体や農業団体、また地域の多くの方から、厳しいバッシングを受けました。北海道では事実上、栽培の禁止に等しい条例があり、栽培はしたくてもできません。

　それだけでなく、GM作物に賛成する農家という理由で、理不尽にも私はある生産組合の長をおろされてしまうという体験までしました。

　既に日本は大量のGM作物を輸入し、食用油や家畜のえさ、清涼飲料水の甘味料などに使われています。安全性の審査はしっかりと行われているのに、そのことがマスコミを通じて世間に正しく伝わっていないように思っています。

　国民のみなさんが、GM作物は必要ないというなら、輸入を禁止すればよいのです。しかし、そうしたときの社会的影響に対し、私たち農家も消費者も覚悟が必要です。

　GM作物を大量に輸入して、国内で利用するのは許すけれど、それと同じGM作物を国内の生産者が栽培するのは許さないというきわめて差別的状態が続くことに、どうしても納得がいきません。せめて、栽培したいという農家の希望だけでも認めてほしいと思います。試す機会もない状態では絶望しかありません。ぜひ、希望を与えてください。

現場を知る・知らせることの大切さ

蒲生恵美
消費生活アドバイザー

日本で語られる GM（遺伝子組み換え）農家像は都市伝説

　2014 年 8 月 10 日～ 16 日に実施されたアメリカ穀物協会主催の「米国トウモロコシとバイオテクノロジー視察」に参加した。この視察で何より印象的だったのが GM 農家の自信に満ちた表情である。視察中 3 軒の GM 農家を訪問したが、「環境への負荷が少なく、食品として安全なのが GM 作物だ。次の世代により良いものを引き継ぎたいので GM 作物を栽培している」「種子メーカーや穀物エレベーターからアドバイスはもらうが、何を栽培するか、どこに売るかは農家が自分で決める。誰からもこれを栽培しろ、これは栽培するな、などとは言われない」といったコメントは、日本でよく聞かれる「GM 種子を開発する多国籍企業に牛耳られ自由を奪われた GM 農家像」とはまったく印象が異なる。現地で GM 農家と話していると、日本でまことしやかに繰り返される GM 農家像は都市伝説だと思われた。

　GM 都市伝説が間違いだと見抜けないのは、GM の畑や作物、農家の意見といった「現場」が見えないことが理由のひとつだと思う。訪問したある農家は「都会の消費者が GM 作物に不安を持つのは、GM 作物の品質が目に見えないからだ。この畑に来て比較すれば一目瞭然だ」と話していた。「消費者には自分の考えを語るが、それをどう判断するかは消費者個人がすることだ。でも私たちと同じ考えになってくれたら嬉しいな、いい作物だから」と話した時の農家の穏やかな表情が忘れられない。このような現場の生の声を日本の消費者に伝えていきたいと強く思う。

見えないことがもたらす不安／現実を伝える試み

　日本の消費者がGMに不安をもつ主なきっかけのひとつに「遺伝子組み換えでない」という表示がある。「〇〇ではない」はスティグマ（烙印）となり、「〇〇ではない」が実際はどういうものか分からなくても忌避すべきものと受け取られてしまう。

　筆者は長くGM作物のコミュニケーションに関わってきたが、いつも苦慮するのはGMがどういうものか伝えられる現物が身近にないことだ。現実が感じられないところでは、頭で安全性を理解したとしても、その作物の必要性を実感できない。

　その実感を伝えるうえで、自身にとって貴重な体験だと感じたのが、視察で訪問したGM作物の広大な畑だ。車で片道4時間の場所にある施設を訪問した時、車窓の風景はずっとGMトウモロコシ・大豆畑であった。地平線まで続くGM畑が東京〜名古屋間にも匹敵する距離ほど延々と続くスケールの大きさに圧倒された。視察で訪れた農家が所属する「ミズーリ州コーン生産者協会」（The Missouri Corn Growers Association）では「トウモロコシを学ぶ教室」（Corn in the Classroom）という教育プログラムを持っており、農家が学校や農場で子どもたちにGMトウモロコシが生活にどう役立っているかを伝えている。

　今回の視察ではプログラム内容を伺うのみであったが、機会があればぜひ実際の教育風景を見てみたい。畑でGMトウモロコシを見て、そのトウモロコシが自分の生活をどう支えているのかを生産者から直接学ぶ経験は、GM作物の安全性や必要性についてじっくり考える貴重な機会となるだろう。

　日本でも独立行政法人・農業生物資源研究所が試験ほ場で栽培する安全性審査済みのGMトウモロコシを参加者が自分でもいで、茹でて食べるという試みを行ったことがある。筆者もその催しの手伝いをしたが、トウモロコシが元々嫌いだというひとりを除いて、すべての参加者が特に躊躇

する様子もなく食べていた。今回の視察で訪問した農家が「GMといってもトウモロコシはトウモロコシだ。何も変わらない」と言っていたように、GM作物について耳で聞くだけと実際に手にするのとでは大きな違いがある。

日本における商業栽培の必要性

　日本では食用向けのGM作物の商業栽培は行われていない。そのためGM作物の畑を訪問し、農家から直接お話を聞くことができない。生活の場でGM作物を感じられる場がないのだ。これではどうしてもGMの議論が頭でっかちになってしまう。

　日本で食用のGM作物の商業栽培を開始するにはいくつかのハードルがあるが、中でも深刻なのは日本の農業に適したGM種子の開発が遅れていることではないか。種子開発における日本の国際競争力の低下という観点から、GM種子の開発ストップを憂う声は多いが、GM情報が都市伝説化した日本の消費者に「現場から伝える」教育のためにも、日本農業に適して、農家が自信を持って栽培できるGM作物の商業栽培実現が望まれる。

日本の食卓にとっての脅威は何か

　日本の穀物輸入量のおよそ半分がトウモロコシであり、その大半を米国から輸入している。日本の食卓を支える米国産トウモロコシの安全性で一番のリスクとなるのは、GM技術ではなく、アフラトキシン（カビ毒）である。トウモロコシ輸入における違反原因のトップは常にアフラトキシン汚染だ。

　2012年に米国のトウモロコシ生産地が史上最悪の干ばつに見舞われ、アフラトキシン汚染の拡大による収量低下と日本向け輸出への影響が懸念

されたが、市場に大きな混乱をもたらすことなく済んだのは GM 技術をはじめとしたさまざまな農業技術の革新によるものと言われている。

　視察では農家と穀物エレベーター、そして農家や種子販売業者へ情報提供をするモンサント学習センター（Monsanto Learning Center）で、2012 年当時の様子やアフラトキシン対策としてどのようなことを行ったか伺った。農家では当時の緊迫した心情とアフラトキシン汚染が懸念された場合は早めに収穫してリスク回避に努めたことを伺い、穀物エレベーターではアフラトキシンに汚染した作物を市場に混入させないための管理や検査体制について聞いた。同センターでは、アフラトキシン汚染は、リスクの低減はできてもコントロールしきれるものではないこと、訪問した地域は灌漑設備がなかったため、アフラトキシンが発生してしまった後は有効な手立てがなかったことなどアフラトキシン対策の難しさを学んだ。

　アフラトキシンはカビ毒で、害虫が作物に侵入した傷口から感染が始まる。このため、トウモロコシの害虫被害を抑えることがカビの被害部位からの感染拡大の防止につながる。害虫被害に強い GM トウモロコシを栽培していたことが、アフラトキシン汚染が拡大しても市場を混乱させるほどの収量低下を招かなかった要因のひとつと指摘されている。日本では GM 情報は都市伝説化しているが、日本の食卓にとって本当の脅威は何なのか、事実を基に判断することが大切だ。

「持続可能性」というキーワードでコミュニケーションを

　「モンサント社イコール GM 企業」というイメージが日本にはあるが、視察で訪問したアメリカ本社で話を聞いて感じたことは、モンサント社にとって、GM は叶えたい目標を達成するために取り組んでいる複数の技術のひとつに過ぎないということだ。モンサント社が話してくれたスローガンは「持続可能な農業を達成するために一緒に頑張ろう」（Working Together/To Advance Sustainable Farming）である。

モンサント社が参加する活動で興味深かったものに「畑から消費地まで」(Field to Market) がある。これは米国内の 40 の農業生産者団体、食品企業、環境 NGO（非政府団体）などによる横断的グループで、トウモロコシなど大規模に栽培される作物の持続可能性（水や土地の使用量、農薬使用量、温室効果ガスの抑制など）の実績の指標を数値化して発表している。「農業の持続可能性」という共有できるゴールのために企業を超えたネットワークが形成され、客観的に評価できる数値を示しながら取り組みを進めている興味深い事例だ。

　視察では農業経済学者から世界の地域ごとの人口、気候、食料需給予測についてレクチャーを受けた。「この先、いったいだれがアフリカの食料をまかなうのか」(Who's going to feed Africa?) と言われるようにアフリカの人口爆発をふまえた食料の安定的な確保など、世界の食の持続可能性に関する課題は山積している。

　技術はより良い社会をつくるために開発されるものだ。技術について伝える時、その技術内容の説明に終始するのではなく、叶えたい社会目標をまず提示し、複数ある代替技術と比較しながらその技術の有効性を示す方法があっても良い。「こうであって欲しい」という具体的な社会像は人それぞれであっても、社会が持続すること、すなわち社会の持続可能性は誰しもが共有できる目標である。

　従来の GM コミュニケーションでは、GM 技術をいかに分かりやすく伝えるかに努力がはらわれてきたが、今後は「農業の持続可能性」という誰もが合意できる社会目標からスタートし、持続可能性に寄与し得る複数の農業技術について、客観的に評価できるデータで比較しながら GM 技術の有効性や GM 技術とほかの農業技術をどう組み合わせていくことが有効かを総合的に検討するコミュニケーションの場が必要なのではないか。

表示をどうするか

　この視察でもうひとつ、どの訪問先でも話題になったことにGM表示制度がある。州によってはGM表示制度の導入が検討されているが、視察でお会いした方々は一様にGM表示の導入に否定的な立場だった。日本では2001年からGM表示制度が始まっているが、2015年4月に施行した食品表示法によって、見直しの可能性も出てきている。

　確かにアメリカでもGM表示がスタートすれば、日本で起きたような消費者のGM食品への不安は高まるだろう。しかしアメリカと日本で大きく状況が異なるのは、アメリカにとってGM作物生産は輸出産業であること、畑に行けば普通のトウモロコシと変わらないGMトウモロコシの現物を手にすることができること、そして、そのGMトウモロコシを自信を持って生産し、消費者に情報提供しようと積極的に活動する農家の方々に直接会って話ができることだ。

　これらのことはGM情報を都市伝説化するのを抑制する効果があると思う。残念ながら現在の日本にはどれもないが、今回の視察で得た「現場」の情報をこれからの活動でしっかりと伝えていきたいと思っている。

この原稿はアメリカ穀物協会ニュースレター（2014年12月掲載）を基に再構成したものです。
http://www.mocorn.org/resources/education/corn-in-the-classroom/

教科書副読本に見るGM作物の誤解

森田満樹
消費生活コンサルタント

家庭科教員の意識は、ネガティブな傾向が強い

　中学校・高等学校の教育現場において、「遺伝子組み換え」はさまざまな科目で取り上げられている。高校「生物Ⅱ」の授業では、遺伝子組み換え技術がバイオテクノロジーのひとつとして教えられている。中・高校の「社会科」では、遺伝子組み換え作物が世界的な食糧問題・環境問題として取り上げられ、高校の「家庭科」では、遺伝子組み換え食品の安全性、表示について授業が行われている。

　内閣府の2008年の調査では、遺伝子組み換え技術に対する家庭科や社会科の教員の意識は、ネガティブな傾向が強いという報告がまとめられている。この調査は、「全国学校総覧」から中学校1000校、高等学校2000校を無作為抽出し、中学校の理科および技術家庭科の教員各1000名（合計2000名）、および高等学校の生物、家庭科、社会科の教員各2000名（合計6000名）に対して、アンケート調査票を配布して実施したものである。

　約半数から回答が寄せられているが、授業にのぞむ教員のスタンスとしては、全体で約7割近くの教員が「なるべく中立的な立場で教えている」としている。しかし、高等学校の家庭科の教員では、「どちらかというと慎重あるいは否定的な立場で教えている」との回答が45％、「なるべく中立的な立場で教えている」は54％である。理科の教員では慎重派が12％であることを考えると、教科によってずい分と異なることが分かる。

　また、授業における生徒の受け止め方についての教員の判断も、教科によって異なる。理科では「遺伝子や遺伝子組み換え技術に関する関心が高まった」が最も多かったのに対し、家庭科では「安全性配慮の必要性が認

識された」「遺伝子組み換え食品の危険性についての認識が深まった」をあげる教員が多かった。

　授業を実施しての課題・改善点を聞くと、高校家庭科の教員は「遺伝子組み換えの安全性評価の根拠が分かりにくい」という回答が65％ともっとも多く、安全性の情報が教員に十分に行きわたっていないことが分かる。続く質問でも遺伝子組み換え技術の応用に関する認知度等が低く、こうした背景から家庭科ではネガティブな姿勢で授業が行われている可能性が強いことが調査より想定された。

家庭科の副教材に問題あり

　遺伝子組み換え食品は、家庭科の授業で具体的にどのように取り上げられているのだろうか。

　授業は教科書と副教材、教師が作成する資料で授業が進められることが多い。教科書は遺伝子組み換え食品について記述は少ないが、副教材には何カ所かで記述を見ることができる。現在（2015年4月）、使用されている高校家庭科の副教材『2015オールガイド食品成分表』（実教出版）を一例にあげて、見てみよう。

　この副教材は、家庭科の食分野の基本知識とともに食品成分表が収載されたもので、全360ページである。まずは、目次対抗ページに「食品事情の基礎知識」として、基本3項目に「食品安全委員会」「BSE（牛海綿状脳症）」「遺伝子組み換え（GM：Genetic Modeification）」があげられ、遺伝子組み換え食品がトピックスのひとつとなっている。

　ここでは、左側に「遺伝子組み換えとは？」「品種改良との違いは？」「どんな遺伝子組み換え食品が食卓へ？」の3項目について、ごく簡単な紹介がある。右側には「こんなに強い！」というタイトルの下に、青々と茂った作物の写真が左側に、何も育っていない土壌の写真が右側に配置されている。その下に説明文があり「2週間、水を与えないという条件下での生

存率は、遺伝子組み換えしていない作物が0.0%であるのに対して、遺伝子組み換え作物（左）は65%。」とだけある。このタイトルと説明文から、教員や生徒の多くは「遺伝子組み換えは、水を与えなくても生存率は高い」と思うのではないだろうか。

　この写真は、どこから引用されたものか一切の説明は無い。調べてみると「国立研究開発法人国際農林水産業研究センター（JIRCAS）」で、2006〜2010年にかけて行われた研究課題「乾燥・塩ストレス耐性分子機構の解明と分子育種への応用」の結果の一部であることが分かった。乾燥地帯等の劣悪環境でも多くの収穫が望める作物の開発の基礎研究として、植物の持つ環境耐性機構を分子レベルで明らかにして環境ストレス耐性植物の分子育種に役立てることを目的に行われたものである。その成果の一部として、乾燥耐性の性質を示したシロイヌナズナ（生存率65.0%と異なる導入遺伝子で生存率42.8%の２種）と、野生株（生存率0%）の３枚の写真が掲載され

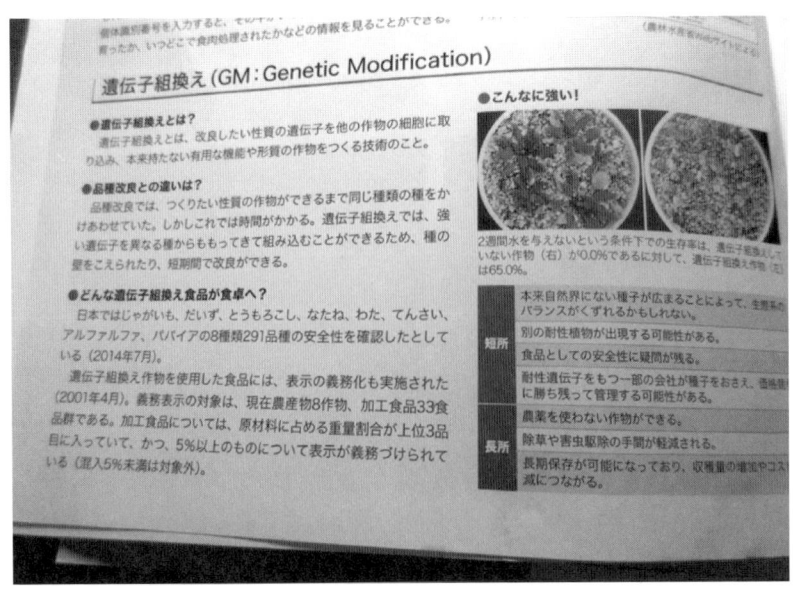

組み換え作物に関する誤解記述の多い副読本

ている。副教材では、このうち2枚の写真をピックアップされたのである。

　すなわち、この研究は乾燥や塩に強い植物を作出するために遺伝子組み換え技術が用いられた事例であり、「こんなに強い！」のは当然の結果である。しかし説明文には、この遺伝子組み換え作物が環境ストレス耐性のために研究されている遺伝子組み換え作物であることには一切触れていない。

　左の説明文には一般的な遺伝子組み換え農作物の説明があるが、害虫抵抗性や除草剤耐性の形質が導入されていることがほとんどであり、事例として取り上げるのは不適切であろう。特殊な研究事例を取りだして、遺伝子組み換え技術で得られた農作物の一般論とすることは、教員や生徒の誤認を招くと思えてならない。

　さらに写真の下には「遺伝子組み換えの短所と長所」が表にまとめられている。短所には「本来自然界にない種子が広まることによって、生態系のバランスがくずれるかもしれない」「別の耐性植物が出現する可能性がある」「食品としての安全性に疑問が残る」「耐性遺伝子を持つ一部の会社が種子をおさえ、価格競争に勝ち残って管理する可能性がある」と4点が挙げられている。安全性や環境について、国際的な枠組みで規制が行われ、各国で安全性評価が行われている現実には全く触れていない。

　一方、長所は「農薬を使わない作物ができる」「除草や害虫駆除の手間が軽減される」「長期保存が可能になっており、収穫量の増加やコスト削減につながる」と3点が挙げられている。3点目の「長期保存が可能になっており」というのは、どの形質をもつどの植物のことだろうか。その作物が同時に「収穫量の増加やコスト削減」につながるのだろうか。

　以上のように根拠が薄弱な長所、短所の整理では、理解が深まることは難しいのではないか。こうした副教材の記述を見ると、内閣府の調査で明らかになった「遺伝子組み換え食品の理解は進まない」のは無理もないことに思える。こうして、家庭科教員の間で、遺伝子組み換え食品に対してネガティブな印象が定着してしまうことになる。

2章　生産者と消費者の目

食品安全委員会「科学の目でみる」副読本

　これまでも家庭科の副読本の記述については、科学的な根拠に基づかないとして度々問題となってきた。例えば食品添加物だが、「安全性に問題があるので、できるだけ食品添加物の少ないものを選ぶようにしましょう。」などの趣旨の記述があり、国等が行っている安全性確保の現実が無視されていた。リスクの問題について踏み込んだ記述が見られないため正しい知識が十分習得されず、誤解を生み出しているひとつの要因になってきた。

　このため、内閣府の食品安全委員会では、中学校の技術・家庭（家庭分野）の学習で使用する副読本『科学の目で見る食品安全』を作成している。食品の安全性について基礎的な知識を身につけ、安全な食品を選択できる能力や態度を養うことを目的に作成された教材であり、表紙を含めて全体で12ページというコンパクトな構成となっている。「食品の安全性」「食品の選択」「食品の保存」「食品の表示」の4つのテーマから構成されており、食品添加物や農薬についての記述がある。

　前述の高校の家庭科副教材『2015オールガイド食品成分表』でも、食品添加物、残留農薬の記述はあるが、現在は概ね妥当な内容となっている。食品添加物の事業者団体は、これまで安全性について学校現場にパンフレットやビデオ教材を配布するなど地道な努力を積み重ねてきた。食品安全委員会の副読本にも科学的根拠に基づき判断することの重要性が記されており、現場も副教材も少しずつ変わってきたという経緯がある。

　食品安全委員会の副読本に、現在のところ遺伝子組み換え食品の記述は無い。どうしたら科学的な根拠に基づいた内容に是正できるのか、検討する必要があるだろう。

3章

記者たちは
どう見ているのか？

理解進まぬアメリカの現状

中島達雄
読売新聞記者

急速に普及する「バタフライ・ラベル」

　米国のスーパーマーケットで食料品の棚を見ると、いくつかの商品に、オレンジ色の羽のチョウチョの絵と、「NON GMO」という文字が書かれたラベルが付いていることに気が付く。米国の非営利団体「Non-GMOプロジェクト」が、「遺伝子組み換え作物の含有割合が0.9％以下」と確認した商品だ。

　チョウチョの絵から「バタフライ・ラベル」（写真参照）と呼ばれるこの表示は、スナック菓子やパスタ、調味料、油、ジュース、ワインなど、さまざまな商品に付いている。ラベルの付与は2007年にスタートし、2015年4月現在、約3万種類の商品がラベルを取得しているという。ラベル付き商品の年間売上高は、合計で110億ドルに達する。

　米農務省（USDA）が有機農作物に付与しているラベル、「USDAオーガニック」も遺伝子組み換え作物の不使用を意味している。スナック菓子などには「バタフライ・ラベル」と「USDAオーガニック・ラベル」の両方が付いていることもある。

　小売店だけではない。米国の大手メキシコ料理チェーン「チポトレ・メキシカン・グリル」は2015年4月、「私たちは全米初の遺伝子組み換え作物を使わないレストランになる」と宣言し、全メニューの材料からの遺伝子組み換え作物を排除したと発表した。

　遺伝子組み換え作物を使用している商品に、その使用の事実を表示する動きも目立っている。米国の大手スーパーマーケット「ホールフーズ」は2013年3月、2018年までに、遺伝子組み換え作物を含んでいる全商品に「遺

米国のスーパーマーケットに並ぶチョウチョのマーク付きの商品

伝子組み換え作物を使用」と表示することを決めた。

　米国全体の連邦法としてはまだ表示義務はないが、北東部バーモント州は 2014 年 5 月、米国内で初めて表示義務化を決定し、2016 年 7 月から表示が始まる予定だ。

　西部のカリフォルニア、オレゴン、ワシントン、コロラドの各州では、表示義務化の住民投票が相次いでいる。結果は今のところ、表示義務化を推進する側が敗北していて、義務化は見送られているが、ほかにも多くの州が表示義務化を検討している。

一般市民の過半数が「安全ではない」

　こうした一連の動きの背景には、米国の一般市民が抱く、遺伝子組み換え食品に対する強い不安がある。

　米科学誌サイエンスを発行する米国科学振興協会（AAAS）と、米調査機関「ピュー・リサーチ・センター」は 2014 年、米国の一般市民 2002 人と、AAAS 会員の科学者 3748 人に対し、意識調査を実施した。

3 章　記者たちはどう見ているのか？　　　103

その結果、一般市民の過半数の57％が、「遺伝子組み換え食品は安全ではない」と答えた。「安全」と回答したのは37％に過ぎない。一方、AAAS会員の科学者は、「安全ではない」は11％にとどまり、「安全」が88％に達した。
　つまり、「遺伝子組み換え食品は安全」と考える人の割合は、一般市民は37％なのに、科学者は88％で、両者の間に51ポイントもの差があることになる。
　調査ではほかにも、「気候変動の原因のほとんどは人間の活動だ」「人類は長い時間をかけて進化してきた」といった意見に対する考え方も尋ねた。いずれも、一般市民と科学者の間で、ある程度の意識の違いが現れたが、その差は「気候変動」が37ポイント、「進化」が33ポイントだった。調査対象の13項目の中で、遺伝子組み換え食品の安全性に対する意識の差が、最も大きかった。
　2015年2月までAAASの最高経営責任者（CEO）を務めたアラン・レシュナー氏は、この結果について、「遺伝子組み換え食品をめぐっては、一般市民の間に誤解があるようだ。遺伝子組み換え食品は、数々の安全性確認を経たうえで市場に出ている。科学者はそれを知っているが、一般市民はそれを知らないのではないか」と述べた。そのうえで、「科学者はもっと、一般市民と対話しなければならない」と科学コミュニケーションの必要性を訴えた。
　同じ調査で、一般市民を対象に、「科学者たちは、遺伝子組み換え食品による健康影響について、明確に理解していると思うか」とも聞いている。結果は67％までが「理解していない」で、「理解している」は28％だけ。米国の一般市民は、遺伝子組み換え食品の安全性に関する科学者の意見を信用していないのだ。
　また、一般市民の50％が、「食品を買う時に遺伝子組み換えかどうかを確認する」と回答した。「バタフライ・ラベル」の急速な普及や、遺伝子組み換え作物の使用が分かる表示義務化の動きは、こうした消費者の意識

遺伝子組み換え食品に対する意識

		安全である	安全でない
米国の一般市民		37%	57%
	男性	47%	49%
	女性	28%	65%
	白人	41%	53%
	ヒスパニック	32%	65%
	黒人	24%	68%
	大学卒業者	49%	47%
AAAS会員の科学者		88%	11%

米国科学振興協会（AAAS）とピュー・リサーチ・センターの2014年の調査から

を反映している。

　調査結果の内訳をみると、遺伝子組み換え食品を「安全」と回答した一般市民は、男性47%に対し、女性は28%。女性のほうがはるかに拒否感が強い。年齢別ではほとんど差がないが、人種別では「安全」と回答したのは白人41%、ヒスパニック32%、黒人24%で、有色人種のほうが遺伝子組み換え食品を避ける傾向が高い。

　一般市民全体では、遺伝子組み換え食品を「安全」と答えたのは37%だったが、大学卒業者だけに限ると49%に上昇する。しかし、AAAS会員の科学者の88%には遠く及ばない。大学卒業者の中にも、遺伝子組み換え食品に不安を抱く人がたくさんいることが分かる。

農家には大きなメリット

　理解の溝は、一般市民と科学者の間だけでなく、消費者と生産者の間にもあるようだ。2013年7月、米国産の穀物の輸出を推進する非営利団体「アメリカ穀物協会」が主催したプレスツアーに参加し、遺伝子組み換え作物を栽培している農家を数カ所見学した。この時に感じたのは、遺伝子組み換え技術は農家にとっては有用だが、そのメリットは消費者には見えにく

いのではないか、ということだった。

　米中西部ネブラスカ州の郊外は、見渡す限りトウモロコシ畑が広がっている。ネブラスカ州はイリノイ州やアイオワ州などと並んで、米国の「コーンベルト地帯」と呼ばれている。1989 年の米映画「フィールド・オブ・ドリームス」の世界そのままと言えば、雰囲気が分かる人もいるだろうか。

　4.5 平方キロメートル（450 ヘクタール）の農場を営むカート・フリーゼンさんに、畑を案内してもらった。フリーゼンさんが遺伝子組み換えトウモロコシの栽培を始めたのは、1990 年代後半。今ではフリーゼンさんの畑のトウモロコシのほとんどが、遺伝子組み換えだという。

　「以前は種をまいてから収穫までの間に 3 回ほど、小型飛行機や耕作機を使って殺虫剤を散布していました。それが今では 0 回です。遺伝子組み換えトウモロコシは害虫に強いので、殺虫剤が不要になりました。周辺の農家も含めて一斉に殺虫剤を散布していた頃は、めまいで倒れたり、中毒症状が出たりする生産者も多かったんです。今はその心配がなくなって、大助かりですよ」

　フリーゼンさんはそう語り、遺伝子組み換え作物の有用性を強調した。

米国の作付面積は日本の国土の 2 倍

　16 平方キロメートル（1600 ヘクタール）の農場でトウモロコシとダイズを栽培している、カート・ピーパーさんにも会った。遺伝子組み換えの種子は、通常の種子より 30％ほど値段が高いが、殺虫剤が不要になったほか、収穫量が 20〜30％増えたため、まったく気にならないという。

　ピーパーさんは言う。「殺虫剤を使わなくなったら、テントウムシやクモ、ミミズなど畑に役立つ虫が増えました。遺伝子組み換えトウモロコシに強い害虫が出現するのでは、と心配する声もありますが、まだ見たことはないですね」。

　どうやら、農家にとってはもはや、遺伝子組み換え以外の種子を選ぶ

理由が見当たらないようだ。それを裏付けるように、米国では、遺伝子組み換え作物の作付面積が年々増加している。国際アグリバイオ事業団（ISAAA）の統計によると、2014年の米国の遺伝子組み換え作物の作付面積は73万1000平方キロメートル（7310万ヘクタール）で、日本の国土面積全体の2倍に迫る勢いだ。

米農務省によると、2014年は米国で栽培されたトウモロコシの93％、ダイズの94％、ワタの96％までが、遺伝子組み換えだったという。

近年は乾燥に強く、干ばつの影響を受けにくい遺伝子組み換え作物も開発されており、導入が進んでいる。ISAAAの統計によると、乾燥に強い遺伝子組み換えトウモロコシは、米国では2013年に初めて作付けされ、その作付面積は500平方キロメートル（5万ヘクタール）だったが、翌2014年には2750平方キロメートル（27万5000ヘクタール）に増えた。たった1年で5.5倍に拡大したことになる。

科学者の間では「危険性なし」

実際のところ、遺伝子組み換え食品は安全なのだろうか。米国では遺伝子組み換え作物を、米食品医薬品局（FDA）がほかの食品や飼料と同様に審査している。毒性やアレルギー性、栄養価などを調べて、遺伝子組み換えではない作物と比べて、安全性は変わらないとの立場だ。

環境や生態系への影響については、米環境保護局（EPA）と米農務省が事前に審査し、問題がないことを確認している。

イタリアのペルージャ大とイタリア農林食品政策省の研究チームは、2002年から2012年までの約10年間に世界中で発表された、遺伝子組み換え作物についての学術論文1783本を集め、その内容を分析した。そこから導かれた結論は、「これまでの学術研究は、遺伝子組み換え作物の使用に直接関係する重大な危険性を、何も見付けていない」というものだった。

どうしたら受け入れられるのか

　英科学誌ネイチャー系のバイオ専門誌『ネイチャー・バイオテクノロジー』は2013年9月号の論説記事で、「遺伝子組み換え食品による健康被害の報告はなく、世界保健機関（WHO）や欧州委員会、米科学アカデミー、米医学会など権威のある組織が安全性を確認している。それなのに、遺伝子組み換え食品に対する恐怖感が広がっている。火のない所に煙が立つのはなぜなのか」と嘆いた。

　同誌の分析によれば、その原因のひとつは、「ラットに遺伝子組み換えトウモロコシを食べさせたら、がんになった」といった論文が出るたびに、マスメディアが派手に報道することだという。こうした論文は後に、証拠不足や研究手法の不備が見つかり、科学者の間ではその結論が否定されるが、一度世間に広まった不安を消去するのは極めて難しい。

　また、バイオ企業と規制当局の距離が近過ぎることや、「回転ドア」と呼ばれる両者間の人事交流、政治的なロビー活動、バイオ産業から資金提供を受けた科学研究などが、消費者にとっては懸念材料となっていると指摘する。その結果、バイオ企業、規制当局、政府、科学者、のいずれもが、信用できないと思われてしまっているという。

　この問題の解決は短期間では不可能だが、遺伝子組み換え食品がいかに人々の役に立っているかを消費者に知ってもらうことが重要だとして、「必要性が受容の母になり得る」と、結んでいる。

　スーパーマーケットで「バタフライ・ラベル」を見るたびに、一般市民が抱く遺伝子組み換え食品への不安にどう対処したら良いものか、考え込んでしまう。私たちマスメディアは、遺伝子組み換え食品関連のニュースをどう報じるべきなのか。常に頭を悩ませている。科学者や規制当局が信用されていないのだから、その見解をいくつ紹介しても、一般市民には伝わらない。残念ながら、まだ有効な答えは見つかっていない。

米国とフィリピンの現状をレポート

日比野守男
東京医療保健大学・大学院客員教授
元東京新聞・中日新聞論説委員

＜米国からの報告＞

　わが国では遺伝子組み換え（GM）作物への風当たりが依然として強い。法律では栽培が禁止されていないが、研究機関などの実験ほ場での栽培を除き、商業栽培は行われていない。消費者の間で健康被害や環境への影響を懸念する意見が根強く、生産サイドがそれに配慮しているからだ。GMが危険ならば、世界的にGM作物の栽培面積が年々拡大されていることをどう説明すべきだろうか。米国では1996年にGM作物の商業栽培が始まって以来、健康被害は1件も確認されていない。

　にもかかわらず、なぜ日米でGM作物の受け止め方が大きく異なるのか。そんな疑問を抱いて2014年8月、米国中部ミズーリ州東端のミシシッピ川とミズーリ川の合流点に位置する商工業都市・セントルイス（人口約28万人）を拠点に、ミズーリ、イリノイ両州の穀倉地帯でGM作物を栽培するほ場、穀物エレベーター（穀物の集荷・貯

米国視察地の略図

3章　記者たちはどう見ているのか？

蔵施設。以下カントリーエレベーター）、両州にまたがる世界最大のGM作物開発企業・モンサント社の研究所や開発中のGM作物の試験栽培を行うラーニングセンターなどを視察したほか、著名なバイテク研究者に意見を聞いた。

不耕起栽培も可能に

　セントルイスから北西へ約80キロメートル。ウェンツビルの農家マーク・スコットさん（49歳）の農場を訪ねた。祖父の代からの専業農家と言い、耕作しているのは1600エーカー（約650ヘクタール。1エーカー＝0.4047ヘクタール）。日本の農家とは規模が違う。半分は自分の農地で、残り半分は引退したものの、先祖代々の土地を手放したくないという元農家から賃貸契約で借りている。650ヘクタールと言っても想像できないかもしれないが、1985年に茨城県つくば市で開催された科学万博の会場が約100ヘクタールだから、その6.5倍の農地を一農家が耕作していることになる。それでも、同州全体では狭い方だという。普段はマークさんが中心になって働いているが、播種期や収穫期には大学生と高校生の2人の息子も手伝う。

　現在栽培しているのは、大豆とトウモロコシがほぼ半々。いずれも害虫抵抗性（Bt）と除草剤耐性（Ht）の両方の性質を持つスタック品種と呼ばれるGM作物だ。1996年に害虫抵抗性トウモロコシの商業栽培が始まったときから、マークさんたちも栽培に取り取り組んだ。

　「GM作物の種子を使うことに不安はなかったか」と聞くと「以前から除草剤を使っていたので、GM種子をまくことに何の抵抗もなかった」との返事が即座に返ってきた。続けて「GM作物の栽培を始めてから除草剤の使用量が大幅に減り、雑草を刈る手間も減った。GM作物にすることで不耕起栽培が可能になり、ほ場の水分が保持される。25年前と比べると、GM作物に変えてから同じ面積で2倍の収量が得られ、収入は20％増えた」と話した。

日本では GM 作物の商業栽培が事実上できないことを伝えると「日本が米国産トウモロコシをたくさん買ってくれているのは知っているが、それは初耳だ」とスコットさん。「GM 作物も非 GM 作物も安全性については全く変わりないはずだが……」と戸惑いの表情を見せる。

「自由時間が増えた」

　セントルイスの北へ約 150 キロ、イリノイ州のほぼ中央に位置するフランクリンのビル・ロングさん（58 歳）は 2500 エーカー（約 1000 ヘクタール）を耕作する。この付近では平均的な広さだ。ビルさんは 1980 年に化学関係の企業を退職し、2 代目として家業を継いだ。次男のブレイルさん（33 歳）と 2 人で取り組む。2014 年は 1400 エーカーに GM 大豆、1100 エーカーに GM トウモロコシを作付けした。害虫や雑草が GM 作物に抵抗性を生じさせないようにするため、毎年大豆とトウモロコシを交互に栽培する輪作を行っている。「GM 作物は 15 年前から栽培しているが、最初から不安はなかった」と、先のマーク・スコットさんと同様の答えが返ってきた。

　GM 作物を栽培する理由について、畑に農薬が残留しないことや、収穫が増えることなどの利点を挙げる。「子どものころはいつも雑草刈りを手伝っていた。今はその必要がなくなり、自由時間が増えた」と喜ぶ。「農業をやめる農家から土地を買い増ししてきたほか、GM 作物に変えてから人手がかからなくなったこともあって経営規模

遺伝子組み換え作物を栽培する米国のロングさん親子

が拡大できた」と胸を張る。一方、ブレイルさんは「子どものころから農業を手伝っていたので、後を継ぐことに迷いはなかった」と言い、「父の引退後にさらに経営規模を拡大したい」との希望を持っている。ただ種子の価格が下がっているのに肥料代などの経費が高くなっていることが気がかりだそうだ。

集荷・販売に特化した穀物企業

　農業を営むかたわら、ほかの農家からの農作物を集荷・販売する企業もある。セントルイス北約40キロ、ミズーリ川とミシシッピ川にはさまれたミズーリ州ウェスト・アルトンのサール・ファーム・グレイン社は、そのひとつだ。従業員ひとりの小規模な穀物企業だ。社長のデイビッド・バンデラーさん（56歳）によると、周辺の40農家から作物を購入し、出荷している。取り扱う作物のうち98％がGM作物で、2％は非GM作物。非GM作物を栽培する農家は、種子の価格が安いというのがその理由だ。集荷した作物は40キロ南のセントルイスへ運んで販売する。そして、4代目の農家として、自身でも2500エーカー（約1000ヘクタール）で1990年代からGMトウモロコシと大豆を栽培している。

　GM作物を選択することについては、やはり先の農家と同じように「何の不安もなかった」と話す。「日本でも何世代にもわたって掛け合わせや選抜の手法を使い、農作物の遺伝子の組み合わせを変えることで品種改良をしてきたはずだ。それを実験室で、ほかの生物から有用な遺伝子を取り出し、目的とする植物に組み込んでつくるのがGM作物の種子だ。自然に任せて行うか人為的に行うかの違いだ」と強調。

　続けて「以前に比べ機械化も進んだが、非GM作物の場合、収穫期には25人から30人の人手が必要だったのに対し、今は3人で済む。GM種子を扱い始めてから、農作業の効率が飛躍的に上がり、単位面積当たりの収穫量が増え、消費者にも安く提供できるようになった。さらに殺虫剤の

使用量を減らし、環境への負担を減らすことができるようになった。私は殺虫剤の販売もしているが、GM作物が普及し始めてから販売量は激減した」と、生産者にとってのGM作物のメリットを説く。

米国でも若者は都会にあこがれ、農業に就く者は少ない。現在、農業人口は2%に過ぎない。こうした中で「食料を安定的に確保するためにGM作物は今後ますます必要になってくる」と力を込める。ミズーリ大学で農業経済を専攻したというだけに、理路整然とした説明は説得力を感じさせる。

一方、農作物の集荷・貯蔵・販売に特化した巨大な穀物企業が、米国には数多くある。そうした会社が毎年、農家と交渉し、折り合いがついた価格で穀物を買い取って保管し、輸送・販売する。

サール・ファーム・グレイン社から北へ約140キロ、イリノイ州ネープルのイリノイ川左岸にあるCGB社（本社・ニューオリンズ）のカントリーエレベーターを訪ねた。巨大なサイロ（貯蔵倉庫）と穀物搬入用エレベーターが遠くからでも目に入った。CGB社は作物の集荷から販売までの物流業務を担い、内陸の河川を利用して、米国内はもとより世界中に作物を送り出す企業である。1970年に従業員わずか3人でスタートし、現在では2000人を擁するまでに成長した。

輸出用の集荷は12カ所のカントリーエレベーターで扱い、ネープルはそのひとつ。150万トンの保管スペースがあり、イリノイ州では最大規模を誇る。ここに作物を売る農家の数は2000～3000戸。個々の農家の耕作面積は平均2000～3000エーカー（約800～約1200ヘクタール）だ。

市場開発部長のジェームス・スティツラインさんは「扱っている作物のうち、非GM作物は5%だ。非GM作物は保管の際に害虫駆除をしなければならないなど管理費が10～15%余分にかかる。その分は販売価格に上乗せし、最終的には消費者に負担してもらう」と説明する。

米国で非GM作物を求める人はわずかで、ここで集荷されたGM作物のほとんどは日本と韓国へ輸出される。非GMトウモロコシは日本と韓国、非GM大豆は日本向けだ。同社に出資する4つの会社のうち2つは日本

の商社と農業関係団体で、スティツラインさんから差し出された名刺には、名前が英語とカタカナで併記してある。

「私は個人的にはGMへの懸念が早く払拭されることを望んでいるが、GMと非GMのどちらがいいかという議論に深入りする気はない。どちらでも購入できるよう選択肢を示すことがわれわれの仕事で、プレミアム（割増金）を払ってもらえれば、いつでも非GM作物を提供する用意がある」とビジネスに徹する。ただ、管理の煩雑さから、全米の上位24社の穀物会社のうち非GM作物も扱っているのは6社のみだという。

遺伝子検査で混入防止

気になっていたのは、集荷から輸出までの一連の作業の途中で、非GM作物にGM作物が混ざりはしないかということだった。

非GM作物はトラックでカントリーエレベーターに搬入するとき、サンプリングして7種類のタンパク質を検出する検査を行い、GM作物特有のタンパク質が含まれていないかどうかを確認する。サンプルは後日、再検査が必要な事態が起きた場合に備え保存しておく。さらに、はしけ（バージ）でイリノイ川からミシシッピ川へと運搬するときには、第三者機関による、より精度が高いポリメラーゼ連鎖反応（PCR）法による厳格なタンパク質検査を受ける。はしけの内部では非GM作物用の貯蔵スペースにGM作物が残っていないように十分にクリーニングするほか、非GM作物とGM作物それぞれの貯蔵スペースの間は50メートルほど離すなど、両者が混ざらないように工夫している。説明を聞くと、想像していた以上に分別がきちんと行われていると思われた。

3億人が20年間食べて健康被害なし

では一体、米国社会はどのようにGM作物を受け入れてきたのか。バ

イテクを中心とした農業技術に詳しいイリノイ大学のロバート・トンプソン教授は「GM作物が最初に登場したとき、新しい育種法のひとつということで消費者は反対しなかった。当初、GM作物について最も関心が持たれたのは、安全性や健康問題ではなく、価格だった。最初はGM作物の種子代が高かったので消費者ではなく農家が反対した。価格が下がるとともに、最終的に食糧価格が下がり、低所得層にも恩恵があることが分かるにつれ、次第に農家に受け入れられるようになった」と歴史的経緯を説明する。

　日本では消費者の根強い反対があることを伝えると「米国では政府の食品安全規制に対して国民の信頼が高い」と指摘する。日本で起きているようなGM作物反対運動を克服したことが現在の普及をもたらしたのではないというのは意外だった。

　さらに教授は「GMは純粋に科学技術の研究成果であり、それを政府と民間企業のいずれが作物生産に応用し実用化しようと何の問題もない。米国では農業の優先順位が下がってきており、農業への公的資金の投入が減っている。その肩代わりをしているのが民間企業で、特許を取り利益を上げるのがけしからんと言うのなら、政府の資金をもっと農業に投入するよう求めるべきである」と持論を展開した。

　「安全性については、過去20年間に3億人の米国人のほか、カナダ、オーストラリアなどでGM作物を食べてきているが、それによる健康被害は一例もない」と断言。「私は食べるよりも、組み換え技術でつくられているGM医薬品を注射することに対しての方がよほど敏感になるね」と笑い飛ばす。また、「世界の人口増加のほとんどは低開発国で起きている。それらの国が農業生産量を増やすために新たな耕作地を確保しようと森林破壊を続ければ、地球の温暖化を加速する。人口増に見合う食糧の確保は、GMをはじめとするバイオテクノロジー技術の利用が最も望ましく、先進国は途上国へ支援する必要がある」と熱っぽく語る。

「表示の義務化はアレルゲンなどに限定すべきだ」

　バイテクの安全性について30年以上を研究してきたカリフォルニア大学のアラン・マクハゲン教授は「潜在的な危険性ということなら、GM作物でも非GM作物も同じだ。GM作物か非GM作物かという育種のプロセスの違いがリスクを決めるのではない。食品安全の決め方は、含まれるタンパク質、アレルゲン、毒素、栄養素などが既存食品と違うかどうかである」と説明。

　米国でも一部の州でGM作物であることの表示義務化を求める動きが繰り返し起きている。これについては、「私は以前、義務化に賛成だったが、消費者のためにならないことが分かり、意見を変えた。不必要な義務化をすれば、コストが増大するからだ。表示義務化はGM作物か非GM作物かで行うべきではない。私の娘がアレルギー体質だから言うわけではないが、表示は、例えばアレルギーを誘発するような成分が含まれていないかどうかなど、健康と安全にかかわる事項に限定すべきだ」と反論する。

　さらに続けて言う。「現在、全米科学アカデミーをはじめ、米国の科学、医学界でGM作物の安全性に否定的な見解は全くない。過去には安全性を否定するいくつかの論文が発表されたが、科学的根拠に欠けるとしてその後すべて否定された」と断言する。

　安全性をめぐる議論は既に決着がついているということについて自信を持って話していたのが印象的だった。

　短期間ながら米国のGM作物の栽培現場を見て思い出したのは「必要は発明の母」ということわざだった。GM技術は農業に先立ち、医薬品開発の分野で急速に発展し、今ではこの技術抜きには医薬品開発が成り立たないほど先進国全体に広がった。GM作物の場合、まだそれほどの広がりは見せていない。その中で、米国で最初に実用化されたのは、広大な農地を耕作するために、除草、害虫対策を効率的に行う技術がほかのどの国よりも強く求められたためだろう。それを実現させるだけの科学技術のバッ

クボーンが米国にはあった。

　言い換えれば、GM作物は米国で最初に生まれるべくして生まれたバイオテクノロジーの成果と言ってもいい。短期間だが、米国の穀倉地帯を駆け足で回ってみただけでも、それを肌で感じ取ることができた。これも大きな収穫だった。

＜フィリピンからの報告＞

　GM作物というと、わが国では一般消費者の間で危険視する傾向が強く、商業栽培は行われていない。だが、本当に危険なのだろうか。生産者、研究者の側から見ると、全く異なった様子が浮かび上がってくる。既に世界27カ国で商業栽培が行われ、わが国への輸入作物の中にも相当量含まれている。商業栽培面積の上位10カ国のうち途上国が8カ国を占め、いずれも国策として商業栽培を推進している。アジアで唯一、国を挙げてGMトウモロコシを商業栽培し、トウモロコシの輸入国から輸出国に転じたフィリピンの現状を報告する。

　訪れたのは2014年2月。ルソン島北部、首都マニラの北約330キロにある同国第2位の広さのイザベラ州。中央に国内最長のカガヤン川が流れる。その両側の肥沃な大地にGMトウモロコシ畑が広がる。国内のGMトウモロコシの4割近い量がこの州で収穫さ

フィリピン視察地の略図

れている。暑い日差しの中、カガヤン川西側に位置するカウアヤン市内の道路を砂ぼこりをあげて車で進むと、種子や農薬を主力商品とするアグリビジネスの多国籍企業シンジェンタの農家研修センターに着く。

センターでは、地域の伝統的な方法で栽培する非 GM トウモロコシ、殺虫剤を大幅に減らせる害虫抵抗性 (Bt)、除草剤をかけても枯れない除草剤耐性 (Ht)、その両方の性質を持つ GM トウモロコシを並べて栽培している。いろいろな作物を比較し、収量の違いなどを農家に知ってもらうことなどが大きな目的だ。同時に、GM トウモロコシを栽培している農家と、将来栽培を検討している農家など農家同士の情報交換の場でもある。そこに集まっていた地元の農家の人々に GM トウモロコシについて感想を聞いた。

経済的な余裕でオートバイを購入

地元カウアヤン市の農業生産者、ジュント・ベルナルドさん (45歳) は笑顔で言った。「以前からトウモロコシを栽培していたが、手作業で雑草を刈っていたため手間がかかり、害虫にも悩まされ、2 ヘクタールしか管理できなかった。2005 年に GM トウモロコシの栽培を始めてから管理する苦労が減り、収量が増えるなど余裕が出てきた。オートバイも買うことができた。畑を少しずつ買い増した結果、現在、自分の畑は 10 ヘクタールある」。フィリピン全土の農業従事者ひとり当たりの平均の栽培面積 1.5 〜 2 ヘクタールと比較すると、相当大規模な農業経営といっていい。

2004 年から GM トウモロコシを栽培しているというアルディ・ラウレックさん (35歳) も「今は人力で除草しなくて済むうえ、害虫による被害が減った。従来よりも収量が 40 ％ も増えた」と言い、ベルナルドさんと同様に少しずつ土地を買い増して、収穫期には 2 人を雇って作業している。「除草剤の購入費用を含めた経費は、以前は 1 ヘクタールあたり 5000 ペソ (1 ペソ = 2 円強) かかったが、今は 1500 ペソで済む」と顔がほころぶ。

ヤナハン・アベマナハさん（62歳）はさらに進んで「害虫抵抗性、除草剤耐性に加え、乾燥耐性や台風に強い形質の種子があれば、すぐにでも栽培したい」と意欲的だ。2013年11月、フィリピン中部を横断する台風30号で6000人を超える死者のほか、農産物にも大きな被害が出た。アベマナハさんはこれが念頭にあるようだ。

　「日本ではGM作物への反対が依然として強いが……」と水を向けてみると「この地区でもGMトウモロコシの栽培が始まった2000年代初めには不安を覚え反対する農家が少なくなかった。だが、そのトウモロコシが安全だと分かると、少しずつ栽培農家が増えていった。今、反対者はいないのでは……」と異口同音に語る。

　こうした状況について、センターのあるスタッフは「農家にGMトウモロコシによる収量や収入の増加、労力の軽減などを体験してもらうのが何より大切で、それが口コミでほかの農家に伝われば、栽培農家は次第に増えてくる。新聞やテレビで広報するだけではだめだ」と強調する。

「今の生活は豊か」と栽培農家

　このあと、カガヤン川を北上し、川の東側のイラガン市にあるGMトウモロコシの畑を訪ねた。やや傾斜がある土地の一角で、プレスリー・コルプッツさん（33歳）、ジョナリンさん（32歳）夫妻が待っていてくれた。夫のプレスリーさんは代々の専業農家で、農業学校で近代農法を学んだ。妻

遺伝子組み換えトウモロコシを栽培するフィリピンのコルプッツ夫妻

3章　記者たちはどう見ているのか？　　119

のジョナリンさんは小学校の教師。

2年前までは0.3ヘクタールの土地で細々と非GMトウモロコシを栽培していた。「管理がしやすいことを知りGM種子に変えたところ、時間的に余裕が出てきて、もっと広く栽培できるようになった。現在は3.5ヘクタールでGMトウモロコシを栽培している。半分は自分の畑で、半分は借りて栽培している。播種は夫婦2人でできるが、収穫時はひとり1日150ペソで最大18人を雇って作業している」とプレスリーさん。「1ヘクタール当たりの種子代は、非GMだと60米ドルだが、GMだと200米ドルと高い。しかし、収量が増え、農薬代が節約でき、純利益は1ヘクタール当たり1400米ドルと以前の2倍近くになった」と喜ぶ。

「今の生活は豊かですか」と尋ねると、即座に「Yes」と率直な言葉が返ってきた。

これらのGMトウモロコシ栽培農家が口をそろえるように、周辺の農家が次々にGM作物に切り替えたのは、経済的なメリットを実感するようになったからだろう。そのひとつは、殺虫剤を減らせたうえ、収量が大幅に増加することで利益が増えたことだ。もうひとつは除草の労力が省けるようになって、時間的な余裕が出てきたことから、大規模栽培が可能になったということだ。

1ヘクタール当たりの収量は、非GMだと2〜3トンだったが、GMだと4〜6トンに倍増。種子代は非GMよりも高くつくが、労働コストの低減などを含めて総合的に見ると30〜40%の増収につながったのだろう。農家にとってGM作物のメリットは明らかだ。

トウモロコシの輸入国から輸出国へ

国際アグリバイオ事業団（ISAAA）によれば、GMトウモロコシの導入により、フィリピン全土の平均で、収量は最大34%、個々の農家の年収は最大75%増加、殺虫剤の使用は最大60%減ったという。

フィリピン全土の農地540万ヘクタールのうち、トウモロコシ畑は半分近い260万ヘクタールを占める。GMトウモロコシの商業栽培は2002年から始まり、栽培面積は毎年著しい勢いで増加し、現在80万ヘクタールに達している。この80万ヘクタールのうち30万ヘクタールが取材で訪れたイザベラ州で生産されている。

　フィリピン全体のトウモロコシの生産量は、10年前に比べ、2013年は1.6倍の750万トンだが、その間、栽培面積自体はほとんど変化していない。つまり単位面積当たりの収量が増えており、それを支えているのがGMトウモロコシということになる。これと並行して、全土でGMトウモロコシ栽培に携わる農業生産者は2006年の10万人から2013年には40万人に増えている。

　GMトウモロコシの中でも当初は害虫抵抗性が主流だったが、2006年からは除草剤耐性の栽培も始まり、現在はその両方の性質を併せ持ったスタック品種ですべて占められている。これらのGMトウモロコシは飼料用のイエローコーンと呼ばれる種類だが、2013年からは食品原料用のホワイトコーンでもGM種子による栽培が始まった。

　フィリピンバイオテクノロジー連合の担当者は「2012年にトウモロコシの自給化を達成し、飼料用を輸入しなくて済むようになった。2013年には初めてGMトウモロコシを韓国に輸出するまでに国内の生産量が増えた。この増産は、コメの自給に必要な土地を減らすことなく達成できた」と胸を張る。

子供の失明を防ぐゴールデンライス

　国際稲研究所（IRRI）も訪ねた。IRRIは1960年にフィリピン政府と米国フォード財団、ロックフェラー財団の支援で設立されたアジアで最古、最大の農業研究所だ。マニラの南、戦後日本人戦犯が服役した刑務所のあるモンテンルパ市を通り過ぎて、さらに南東に進んだラグナ州ロスバニョ

ス市にある。開発途上国の人口増加による食糧危機に対し、多収穫の穀類などを開発して対処しようとする「緑の革命」をアジアで担ったことで知られる。現在、日本を含む34カ国から研究者が来ている。研究・研修施設のほか、250ヘクタールの広大な実験ほ場を擁している。

また、日本の1174種を含む世界中の12万1600種のコメの種子を収集して低温保存、品種改良などの研究を行っている。ここが今注目を集めているのは、世界初のGMイネ「ゴールデンライス」の試験栽培を終え、安全性の確認などを行った後、早晩政府に実用栽培の申請をするとみられているからだ。

ブルース・トレンティノ副所長は「現在、世界の貧しい国ほど主食はコメに依存している。ひとり当たりのコメの消費量は日本の65キログラムに対し、インドネシア135キログラム、フィリピン120キログラムと2倍だ。貧困と飢餓を減らし、健康を維持するにはコメの栄養価を高めなければならない」と毅然と語る。ゴールデンライスはその切り札なのだ。

ゴールデンライスにはビタミンAの前駆物質であるベータカロチンをつくるトウモロコシの遺伝子が組み込まれている。食べると体内でビタミンAがつくられる。ビタミンAの不足は、緑色野菜、バターやチーズなど動物性食品、サプリメントからも摂ることで補えるが、貧しい国の人々ではそれだけの経済的余裕がない。不足すると免疫力の低下や失明を招く。アフリカでは小児の失明の最大原因とされている。だが、最も身近な主食のコメにベータカロチンを含ませたゴールデンライスを食べることで、ビタミンA不足による疾病・障害が確実に予防できることが分かっている。

IRRIでゴールデンライスの研究開発に携わってきたインドのラジット・チャダ・モハンティ博士は、「ご飯1食で1日に必要なベータカロチンの半分を摂取できる。従来の交配でつくったイネではそれだけのベータカロチンを満たせない」とGMでしか実現できないことを強調する。

バイオテクノロジー部門のラウル・ボンコディン上級マネージャーにゴールデンライスの試験ほ場を案内してもらった。稲穂の高さは日本のもの

ゴールデンライスの実用化を急ぐ国際稲研究所（IRRI）の玄関

と同じぐらいだが、コメ粒はベータカロチンの色が反映されて黄金色を帯び、これまでのコメのイメージを変える。

　ボンコディン氏によると、ゴールデンライスはもともとスイスとドイツの研究者が開発し、スイスのシンジェンタ社がさらに発展させて特許権を持っていたが、「市場性がないと判断」し、IRRIに譲渡した。IRRIでは、各国がそれぞれ自国の在来種と従来法で掛け合わせて伝統的な味を保った新しいゴールデンライスの開発を進めた。フィリピンのほか、バングラデシュ、インドネシアでも早晩、実用栽培の申請をするとみられる。

GM作物は本当に"悪"か

　GM作物について、日本では否定的な意見が数多く聞かれる。その主張

の多くは、「アグリビジネスの多国籍企業に国の農業が支配される」とか「安全性が確認されていない」「生態系を乱す」などというものだ。

　まず、アグリビジネスの支配云々は本来、安全性とは無関係の議論だ。また、GM作物に反対するグループは安全性に問題があることを示す研究が数多くあると主張するが、世界でGM作物が登場して20年近く経過した現在、健康被害が生じたとする信頼に足る研究はこれまで世界中でひとつもない。

　カーン大学（フランス）のセラリーニ教授が2012年9月、ラットを使い、GM作物が発がん性など健康へ悪影響をもたらすと発表した。世界中の反GMグループがこの論文を金科玉条のごとく扱ったが、その後、実験の不備などが指摘され、翌2013年11月には論文が撤回され、既に反対の論拠が失われている。

　反GMグループはこの事実を知らないのか、あるいは知っていても不都合なのでとぼけているのか、いまだにGM反対の根拠のひとつにセラリーニ論文を持ち出している。フェアではない。

　フィリピンのGDP（国内総生産額）に占める農林水産業の割合は12.8％で、日本の1.1％とは桁違いに高い。農業のウェイトが大きい国が、国家財政を圧迫する飼料用トウモロコシの輸入を何とか減らして自給体制を確立するためにGMトウモロコシの栽培を推し進めたことは、非難されることだろうか。

　GM作物の普及で農薬の使用量が減ったうえに収量が増加、労力の削減もでき、農家は豊かになった。その結果、この国の農業全体が活気を帯びてきた側面を忘れてはならないだろう。

　ゴールデンライスについては、特許がIRRIにあり、そもそもアグリビジネスに農業が支配されるという議論の対象にすらならない。それにもかかわらず、先進国の反GMグループは、あいまいな"危険性"を理由にゴールデンライスの開発・栽培にも反対している。貧しい国の子供たちを失明から守るために、主食のコメを通して確実な方法を実用化しようとして

いるのに、それに反対するのは、"飽食"にあぐらをかいた彼らの思い上がりではないか。

　また、「世界の食糧は余っており、飢餓や栄養不足は世界的な食糧の配分の問題だ」などという主張は問題のすり替えであり、問題解決の先送りにしかならない。GM作物の栽培、研究の現場を視察してみて、そんな感想を持った。

　遺伝子組み換え技術は、農業に先立ち医薬品開発で発展してきた。糖尿病の治療に欠かせないヒト型インスリンがGM技術で量産可能になり、糖尿病患者がふつうに生活できるようになったのは、その一例だ。最近はヒト型を改変して、効き目が速いうえ、持続時間が長いタイプが主流になっている。

　ところが、これら医薬品を反GMグループが「危険だ」と主張するのを聞いたことがない。GMインスリンを注射しながらGM食品を拒否する人々がいるとしたら、格好な漫画になるだろう。

現実を知って考えよう

平沢裕子
産経新聞記者

　2014年8月、米中部ミズーリ州セントルイスの周辺を取材した。

　遺伝子組み換え（GM）作物の研究施設や栽培農家を訪れて、まず圧倒されたのは農場の広さだ。東京〜名古屋間の距離に相当する約200キロを車で移動したのだが、道の両側に広がるのは小麦と大豆の農地だけ。日本でも地方へ行けば見渡す限り田んぼという風景をみかけるが、200キロにわたって田んぼしかないという状況はさすがにないだろう。行けども行けども小麦と大豆の畑が広がる風景に、小学校の社会科で習った「コーンベルト」の言葉を思い出し、「このことだったのか」と合点がいった思いだった。

　訪れた農場のひとつ、デイビッド・バンダーさんが所有するのは1000ヘクタールの農地。この広さをたった3人で管理しているというのも驚きだ。米国の農家の平均経営面積は約170ヘクタールで、その約6倍に当たる農地で栽培されているのはほぼすべてがGMのトウモロコシと大豆だった。

　病気や害虫に耐性をもたせたGM作物は、苗を植えてしまえば、収穫までほとんど人手がかからない。小人数での管理を可能にしたのは、GM技術あってのことなのだ。ちなみに日本の農家の1戸当たり平均経営面積（2014年）は2.45ヘクタール、北海道でも25.99ヘクタール。栽培する作物が違う日本と米国の農家を単純に比較はできないが、スケールの違いは歴然としている。

　巨大農場を小人数で管理することは、単純に考えてだが、生産者にとっては人件費がかからない分、もうけが増えることを意味する。一方、消費者にとっては、大量生産によってそれまでより安い価格で食料が手に入る

というメリットがある。安い食品ということでは日本の消費者も恩恵を受けているのだが、日本ではGM作物が輸入されていることを知らない消費者も少なくない。

輸入されるGM作物の多くが牛や豚などの飼料用ということもあるが、GM表示が義務となっている食品にはGM作物が使われず、「遺伝子組み換えでない」の表示ばかりが目立つことも一因だろう。

一方、食用油用として年間約250万トンのGM大豆が輸入されているが、こちらはGM表示がいらず、商品にも表示がないため、消費者にはGM原料を使っているかどうかが分からない。食用油へのGM表示義務化を一部の消費者団体などが求めているが、加工過程でタンパク質や遺伝子が分解、除去され、最終商品でGMかどうかの検証ができない。表示が正しいかどうかのチェックができない以上、表示の義務付けに意味があるとは思えない。

GMも非GMも同じく安全

それでもGM表示を求める人たちは、「消費者の選択のために必要」と主張する。選択というと聞こえがいいが、なぜ選択のために表示が必要かといえば、GMを食べたくないと思う人が食べなくてすむように選びたいということで、GMを食べたくないのは、GMは非GMと違う（安全でない）と思っている人がいるためだ。

もちろん、GMは人間が人為的に植物の遺伝子を操作しているという点で、非GMとは違う。GM技術は自然界で起きている現象を応用した技術で、人間にとって有用と思われる部分を利用している点ではほかの育種技術と変わらないが、この点がなかなか理解してもらえない。というか、現在栽培可能なGMは非GMと同等に「安全」であるとの説明に耳を傾けてくれる人はそれほど多くなく、ゆえに理解が広まらないという現実がある。ただ、GM作物への理解が進まないのは、何も日本だけではない。米

国でも2014年5月、バーモント州でGM作物を含んだ食品に表示を義務付ける法案が成立している。

　こうした状況について、大農場主のバンダーさんは「GM作物を避けようとするのは、ニューヨーカーなど農業をよく知らない人たち。そばに農家がいれば、GM作物への理解も広がるのに」と話していたが、的を射た指摘だろう。

　トウモロコシや大豆を育てたことがある人なら、雑草を取り除いたり、病気や虫食いから作物を守るのがどんなに大変なことかすぐ理解できる。

　実は私自身、一度だけだがトウモロコシと大豆を育てたことがあるので、実感として分かる。中学時代の体験学習だったのだが、中学の裏山（といっても1キロぐらい離れた場所）で、トウモロコシと大豆を育てる実習があり、夏休みは4、5人のグループで当番を決めて、雑草取りに出かけねばならなかった。真夏の日差しが照りつける中、2、3時間かけて雑草を取るのがどんなに大変なことか。といっても、私を含め女子はいい加減にやっていたのだが、男子の中に農家の子がいてせっせと手入れをしてくれたおかげで、見事なトウモロコシと枝豆ができた。みんなで分け合って持ち帰ったが、母親がすぐにゆでてくれ、食べたトウモロコシのおいしかったこと。

　最近は、都市部の学校でもこうした体験をさせるところが増えているが、団塊世代をはじめ現在の子育て世代である30代、40代では農作業体験をしたことがない人の方が多いのではないか。だから理解が広まらないというわけではないが、雑草取りの大変さを知っていれば、「そうよね。雑草取るの大変だもんね」と技術導入をこだわりなく受け入れられるような気もする。

　一方、大変さを知らなければ、「雑草なんて機械で取れるでしょ。GMにする必要があるの？」などと考えてしまうかもしれない。もちろん、こんな単純な話でないとは思うが、実体験から実感できるかどうかは案外大事なことのような気がする。

　ただ、GMに対して、何がなんでも絶対避けたいと思っている人はそれ

ほど多いわけではないだろう。問題は、声の大きい GM 反対派の意見が、あたかも科学的に正しいことを主張しているように、テレビや新聞、雑誌などのマスメディアで取り上げられることだ。とすると、まずはマスメディアの人間に GM について科学的な側面から理解してもらうのが大事かもしれない。なかなか難しい面はあるが、この本がその役目を果たしてくれると期待している。

　消費者には、私たち日本人が既に 20 年近く GM 作物を利用しているという現実を知ってもらうのがいいと思う。「なーあんだ、もう食べてたのね」と気にしない人が意外に多いように思うのだが、どうだろうか。

漠然とした不安をどう考えるか

米谷陽一
朝日新聞記者

　「なんとなく気味が悪いよね」。遺伝子組み換え（GM）作物について問われると、たいていの人はそう答えるのではなだろうか。かつて私もそうだった。

　私がGM作物の取材を始めたのは2008年夏。アメリカ穀物協会（東京）が企画した穀倉地帯をめぐるメディアツアーに参加したのがきっかけだった。

　行ってみると見渡す限りのトウモロコシ畑。米や大豆でも同じような風景が広がっていると想像すると、とてもじゃないが日本の農業は勝てないと衝撃を覚えた。当時、福岡県に赴任していたので、中山間地域で細々と米づくりを続ける人たちとの対比がひときわ大きかった。

　米国でもうひとつ気がついたのは、非GM（組み換えでない）が希少で割高な作物になっているということだった。当時はリーマン・ショックの直前。投機マネーが穀物相場に流入し、バイオエタノールの生産ブームも穀物価格を押し上げていた。つくればつくるほど儲かる状況にあって、農家が出す答えは簡単だ。非GMは、栽培が面倒な分、プレミアム（割増金）を上乗せして売らなければ、利益が出ないマイナー作物。収量が多く、除草や害虫駆除といった手間が減らせるGM作物を選ぶのは自然な流れだ。

　私が取材したGM農家も「農薬の量を減らせて、家族と過ごす時間は増えた」と即答していた。もし私が米国で大規模農場を経営していたら、迷わずGM作物に飛びつくだろう。

　しかし、農家の懐事情に気を配る消費者なんて、まずいない。それより「安全・安心」の担保を求める。なにより、直接口に入れるものに敏感になるのは当たり前の感覚だから、多くの消費者が「気味悪くない」とする

非GMを求めるのもよく分かる。米国ですら、GM小麦（いまだ市場に出ていない）への拒否感は強いのだから。

それでは、非GMは、そんな消費者心理に共感して栽培されているのだろうか。

生産者は合理的な判断で選択

私はツアー後、カナダのプリンスエドワード島まで足を伸ばし、日本向けに非GM菜種を生産する農家を回った。島の農業は小規模で高コストのため、GMを栽培しても、カナダ本土や米国の大規模農家に勝ち目がない。そこで日本の商社と協力して、ニッチな非GMをつくって儲かる仕組みを整えていた。

だが、島内では別の農家がGM大豆やトウモロコシを植えていた。やはり、非GMとの価格差や手間を考えてのことだ。結局のところ、GMも非GMも、農家の経済的かつ合理的な判断に従ってつくられているだけだった。

繰り返しになるが、消費者が生産者の判断を受け入れるかどうかは別問題だ。

特に「なんとなく気味が悪い」というイメージがついてしまったものを払拭するのは難しい。これは感覚的なものなので、いくらGM作物が科学的に安全性が証明されていると訴えたところで、そのフレーズが響かない人には届かない。

同じことは福島県産の農作物にもいえると思う。福島で取材経験がある同僚記者によると、地元の農家が安全性のPRに骨を折る姿を記事にすると、一部の消費者から「なんでそんな危ないものを取り上げるんだ」と抗議が寄せられる。一方、小学生の保護者が校庭で放射能測定をしている取り組みを紹介すると、今度は農家から「復興の歩みを妨げるのか」といった抗議がくるのだという。

私も震災直後、東京都水道局の金町浄水場で放射性ヨウ素が検出された時、ほんの一瞬だが、水道水を飲むのをためらった。いくら頭で問題がないと分かっていても、「なんとなく」という感覚は、そう簡単には消えない。「絶対危ない」と思っている人にとっては、なおさら受け入れられないだろう。

　だから、GMが絶対いやだという人を説得するのはほとんど無理な試みだと思う。例えば、非GM作物の価格がGMより10倍も、いや100倍も高いとか、GMの方が健康によい栄養成分が驚異的に多いとか、消費者から見たGMの魅力が非GMをはるかに上回らなければ、「GMがいいね」とはならないはずだ。そもそも、消費者から見れば、非GM作物を買うという選択肢があるのだから、無理に食べなくてもいい。

　一方、私たちの多くはGM作物を原料にした食用油、GM作物のえさを食べて育った牛や豚などの食肉など、GM由来の食品を毎日、気にせずに口にしている。もちろん、いまの日本の表示制度では、原料や家畜のえさにGM作物が使われていても、それを表示しなくてもよいという背景もあるだろうが、裏を返せば「GM断固反対」という人たちは、そんなに多くないということを物語っている。

　既にGM作物は私たちの食生活と切り離せない。しかし、GMそのものに対する漠然とした嫌悪感があるのも確かだ。その度合いをゼロにすることはできないにせよ、科学的な知識を身につけることで、嫌悪感の度合いを少なくすることはできると思う。多くの消費者に「GMでもいいよ」と思ってもらう、くらいを目指すのが、ちょうどいいのではないだろうか。

冷蔵庫から眺める日本の「食」事情

小田一仁
時事通信記者

　みなさん、一度、家にある冷蔵庫の中をじっくりのぞいてほしい。卵、ベーコン、ソーセージ、マヨネーズ、ヨーグルト、牛乳、マーガリン、菓子・パン類、ジュース、ビールなど、さまざまな食品が所狭しと並んでいる家庭も多いのではないか。

　ところで、これら食品のすべてにかかわっている作物が少なくともひとつあることをご存じだろうか。

　その万能な作物とは、トウモロコシだ。搾り取った油は加工食品に、抽出したデンプンを分解してつくったコーンスターチや異性化糖は甘味料として炭酸飲料や酒類などに利用されている。そして、肉類や乳製品は、牛や豚などの家畜が飼料として毎日食べている。長さ1センチ余りの黄色い一粒が日本の食卓に欠かせない大きな存在となっており、私たちの豊かな食生活を支えている作物が、遺伝子組み換え技術で生産された大量のトウモロコシである。

世界有数の穀物輸入大国

　日本各地の港には、トウモロコシや大豆などの穀物をびっしり積み込んだ貨物船が太平洋を渡って毎日のように入港している。日本は世界有数の穀物輸入大国。トウモロコシ約1500万トンをはじめ、年間の穀物総輸入量は3000万トン前後に上る。穀物は、現代の食生活を形成する基礎食料の中で最重要品目のひとつだが、残念ながら日本国内での自給率は2割台にとどまり、海外に大きく依存しているのが実情だ。

　世界3大穀物と呼ばれるコメ、トウモロコシ、小麦に、国際取引が盛ん

な大豆を加えた主要4穀物のうち、日本がほぼ100％に近い形で自給できているのはコメだけだ。残りはゼロもしくはわずかな生産量しかなく、1億2000万人を養うには程遠いレベルにある。

いずれの穀物も、米国からの輸入量が圧倒的に多いが、その米国では遺伝子組み換え穀物の栽培面積の比率がトウモロコシ、大豆ともに9割を超える。だから、日本には組み換え穀物が毎年大量に輸入されていることが分かる。主食のコメ消費量は、日本人ひとり当たり平均で年間60キログラム弱であるのに対し、トウモロコシは、家畜の餌などを通じ、計算上、コメに比べ1.5倍前後消費している。

組み換え作物の存在を知っていても「自分の日々の食生活とは関係ない」、また「食べたくない」と考えている人は多いと聞くが、実感はなくても、さまざま形で毎日、口に入れて食べている。日本人は世界でも最大の恩恵を受けているひとつの国の国民と言えるだろう。

米国は供給国責任を果たした

米国以外にも、世界には穀物を輸出する国はたくさんある。しかし、大量の穀物を廉価で長期間かつ安定的に日本に供給できる国となれば、大幅に数は減る。干ばつ・不作や農業政策の変更を背景に、2007〜2008年にブラジルやアルゼンチンが、2010年にはロシアなどがそれぞれ自国で生産した穀物の輸出規制に乗り出したが、米国は2012年に半世紀ぶりの大干ばつに襲われた際も、一切の規制措置を取らずに供給国責任を果たした。中長期的に見ても、農業貿易で米国が日本の最重要パートナーの位置付けが変わることはない。米国にとっても輸出先として日本は大切な顧客であり続けるだろう。

ただし、私がこれまで米国で農家や穀物団体関係者への取材を通じて感じたのは、米国の農家は農業をビジネスとして追求する姿勢が徹底していることだ。ビジネスパートナーとして常に日本を持ち上げるが、そこには

「日本だからつくる」のではなく、「大量に買ってくれるからつくる」というのが本音であり、いくら日米関係が良好であっても、利益が薄いビジネスであれば安易な妥協は望めない。

組み換えでない穀物を敬遠

　こうした中、日本や韓国など一部の国の要望を受けて行われている非遺伝子組み換え穀物（組み換えでない従来の穀物）の栽培が米国では敬遠される傾向が強まっている。こまめな農薬散布や雑草処理など、手間暇が掛かるためだ。このため、その栽培面積は年々縮小している。

　非組み換え（ノンGM）栽培の場合、穀物集荷業者は組み換え穀物の取引価格に「割増金」と呼ばれるプレミアムを上乗せし、高い価格を支払うことで農家のやる気を引き出す。しかし、害虫被害などを抑え、単収（単位面積当たりの収量）の減少リスクを回避できる組み換え穀物の高い生産性に比べ、非組み換え穀物は一般的に言って、農作業の労力が掛かる割には単収が低くなりがちであり、農家はシビアな視線を向ける。

　2014年秋、米オハイオ州北西部コンチネンタルで農場を営むデニス・ヴェンコッター氏に東京で会った。彼は4000エーカーの土地にトウモロコシ、大豆、小麦を栽培する中規模クラスの農家だ。組み換えではないトウモロコシを一部作っているが、その栽培面積は以前に比べ大幅に縮小したという。理由は、栽培の煩雑さに加え、収穫物（組み換えでない穀物）を取引業者に引き渡すまで遺伝子組み換え穀物と混ざらないように分別管理する「IPハンドリング」を挙げた。「プレミアムをもらっても、農薬管理やIPハンドリングが重い負担になる」と話した。

　農家にお金を余分に払っても、従来の穀物（ノンGM）の作付けを敬遠するということは、組み換え作物がいかに農家にとって負担が少ないかを物語る。

　日本の商社や食品会社は、豆腐やみそ、スナック菓子などの原料となる

非組み換え穀物の確保に向け、米国農家との栽培契約に奔走しているが、この先、非組み換え作物の栽培面積が増えることはなさそうだ。

ひっ迫を見すえ、穀物価格高騰

　世界では、将来の食料需給ひっ迫を見据え、中国やインドなどの新興国や中東諸国が中心となり、世界各地で穀物獲得をめぐるし烈な競争が始まっている。そこで各国が調達を目指すのは、高単収が期待できる組み換え穀物となるだろう。

　国連の最新の推計では、2050年までに世界の人口は97億人に達する。経済協力開発機構（OECD）は「今後20年間で最大30億人の中流階級が誕生する」と指摘する。豊かさを手に入れた人々のライフスタイルや食生活は様変わりし、肉や乳製品を食べる頻度が高まるため、家畜の餌となる穀物需要の急増は必至だ。世界食糧農業機関（FAO）は2050年までに世界の食料は現在よりも60％の増産が必要と警告する。

　穀物取引の国際指標であるシカゴ商品取引所の先物価格は、直近10年間で価格水準が大きく引き上げられた。トウモロコシの場合、2006年以前は1ブッシェル（約25.4キログラム）＝2ドル台の価格水準が1980年代から長らく続いていた。

　しかし、2006年以降、燃料向けエタノールや新興国の需要増加などを受け上昇に転じると、2012年夏には8ドル台まで急騰するなど、過去にはない激しい動きを繰り返している。人口増加のスピードに食料生産が追い付かないとの懸念が拭えないためだ。そこに投機マネーが流れ込み、マーケットはより不安定さを増している。直近2年間続いた世界の豊作で、2015年に入りトウモロコシ価格は4ドル近辺で推移しているが、穀物市場関係者らは「この先、2ドル台に戻ることは考えられず、トレンドは中長期的に上昇していく」（穀物団体幹部）と話す。

　トウモロコシ価格が上昇すれば、同じ穀物の大豆や小麦にも連鎖してい

く。日本でも肉や牛乳、卵、しょう油、食用油、めん類、パンなどの値上げが相次いでおり、価格上昇の影響がじわじわと忍び寄っている。

　環境保全による農地拡大の制限、地球温暖化の進行など、農産物の生産面でリスク要因が並ぶ中、増大する穀物消費にどう対応していくのか。バイオ技術を使った種子開発の取り組みは重要な選択肢であり、増産の切り札になる。世界最大の農業国・米国では、農家はビジネスチャンスを逃すまいと、組み換え穀物の生産をさらに加速させていくだろう。

現実踏まえた議論を

　日本では依然、組み換え作物への抵抗感が根強い。いまだに受け入れ派と反対派の論争が続いており、国が承認した食用の組み換え作物は既にあるが、国内での商業栽培は行われていない。

　一方、穀物輸入大国として国際マーケットで存在感を示してきた日本だが、人口減少に伴う経済規模の縮小で、今後は穀物市場でのプレゼンスの低下が避けられそうにない。三井物産や丸紅など日本の大手商社各社は、北南米やアフリカで地元企業の買収や提携などを通じ、日本への安定調達の動きを強化しているが、量の確保が至上命題であって、非遺伝子組み換え穀物のビジネスを優先させるとは考えにくい。

　国を挙げて動く中韓などの新興国、欧米の穀物メジャーとの厳しい競争が待ち構えており、良い条件では穀物購入ができない「買い負け」を喫する場面も出てくるだろう。

　だからと言って、私は非組み換え作物を原料にした食品を入手したいと思う日本の消費者の声を否定するつもりはなく、その意見は尊重したい。組み換え表示の有無についても、選択肢は存在すべきだと思う。

　ただ、組み換え作物を一方的に否定したり、過剰な不安を抱いたりしても、海外に大量の穀物を依存する中、非組み換え作物だけで日本の消費を賄うことは不可能であり、日本の現実を受け入れた上で議論を始めなけれ

ば、世界の潮流から取り残されていくだけだろう。

　家庭の冷蔵庫から垣間見える日本の食料事情。私たちの食を取り巻く環境はダイナミックに変化しようとしている。農産物の関税撤廃などを掲げて、2015年10月に大筋合意に達した環太平洋連携協定（TPP）交渉や食品廃棄問題などは、その一例だ。日本の食卓と深くかかわる遺伝子組み換え作物の役割を知ることで、ひとりでも多くの人が日本の農業の未来や食料問題に思いをめぐらせ、自分の問題として考えるきっかけにして欲しいと思う。

「自覚なき消費、実態なき不安」って、なんだかヘン

中野栄子
日経BPコンサルティング・プロデューサー

嫌われ者3兄弟

　遺伝子組み換え食品について、ここ十数年取材している。欧州で流行していたBSE（牛海綿状脳症）の日本上陸は絶対ないと国民を説得するも、2001年に日本でBSEが発生するや、国民の政府への信頼感は一気に失墜。その信頼回復のために食品安全行政に注力すべく、2003年に食品安全基本法が施行され、科学的根拠に基づく食の安全性評価を行う食品安全委員会が設立された。

　ただ、科学者や技官による懸命な安全性評価をよそに、「それでも安心できない」という個人の感情によって、「食の安全を損ねている」と糾弾され続けてきたのが、嫌われ者3兄弟。すなわち、食品添加物、残留農薬、そして遺伝子組み換え食品だ。

　私が取材してきた内容も、これら嫌われ者3兄弟がいかに科学的に安全性が担保されているかよりも、「人間はなぜ安心できないのか」にフォーカスしたきらいがある。機会をいただいた本稿では、遺伝子組み換え食品はなぜ受け入れられないのかについて、これまでの取材経験をもとに考察したい。

既に大量に受け入れている日本

　まずは「遺伝子組み換え食品はなぜ、受け入れられないのか」ということ自体、間違っていることを明記しておきたい。実は、知らず知らずのうち、日本の消費者は遺伝子組み換え食品を大量に消費している。「なぜ受け入

れられないのか」ではなく、「既に大量に受け入れている」。ただし、それを全く自覚していないことが問題なのだ。

　食品スーパーの納豆・豆腐売り場に行けば、「原材料ダイズ・アメリカ産・遺伝子組み換えでない」という表示ばかり。消費者に聞けば「やはり、よく分からない遺伝子組み換えは避けたいです。子供や家族の健康が大事ですから」という。

　一見、遺伝子組み換え食品を受け入れていないように見えるが、日本では、5％以下の意図せざる混入は「遺伝子組み換えでない」と表示してよい制度があるので、遺伝子組み換えを避けたと思っている主婦でも、20粒に1粒は遺伝子組み換えダイズが混じっている納豆を食べている可能性がある。

　何より、日本は世界有数の遺伝子組み換え農作物の輸入大国。表示義務がある納豆・豆腐と違って、表示義務のないコーンシロップや清涼飲料水、サラダ油、家畜飼料などには、遺伝子組み換えのトウモロコシやダイズが大量に使われている。

　財務省の貿易統計上、日本はトウモロコシを100％輸入していることになっているが、北海道産の焼きトウモロコシを思い浮かべ、国産トウモロコシもあると反論されそうだ。だが、実は、四捨五入すると国産はゼロ。そのうち78％が遺伝子組み換え品種と推定され、2013年は遺伝子組み換えトウモロコシを1120万トン輸入した。ちなみに、遺伝子組み換えダイズを253万トン、遺伝子組み換えナタネを227万トン、遺伝子組み換えワタを10万トン、合計で日本は約1610万トンもの遺伝子組み換え作物を輸入している。

　こういう状況を一般の消費者が知る由もなく、「よく分からない危なそうな食べ物は断固、輸入を阻止すべし」と思っているのだ。

　食料自給率120％（カロリーベース）を超える農業大国のフランスが、「遺伝子組み換えは嫌い。だから我が国は、遺伝子組み換え作物を輸入せずに、非遺伝子組み換え作物で自給する」としているのと大違いである。日本が

不幸なのは、嫌いな遺伝子組み換え作物を拒否しているつもりで、実は、大量に遺伝子組み換え作物を輸入し、消費して、それに気が付いていないことなのだ。しかも、実態のない遺伝子組み換え食品の恐怖に慄いている。
　慄く対象の実態がないのに、不安を抱いているとは、実に不幸ではないか。

目にするのはネガティブ情報ばかり

　それにしても、一般消費者はなぜ、遺伝子組み換え食品が嫌いなのか。理由は食品の情報提供にあると思う。一般消費者が遺伝子組み換え食品について、日常目にする情報は、食品パッケージに記載されている「遺伝子組み換えでない」という表示がほとんど。消費者は、「使っていないことを強調するのは、きっと体に悪いものだからだろう」と疑心暗鬼になる。「もし良いものであれば、堂々と使っていることを宣伝するはずなのに、それをしていないということはやはり悪いものだからだ」と、思い込みが進んでいくのが消費者心理だ。
　加えて、ときどき新聞や電車の中吊り広告に見る週刊誌の「TPP交渉次第で、危険な遺伝子組み換え食品が日本に押し寄せる」といった記事の見出しに、それまでの疑心暗鬼が決定的となる。実態が分からないまま、遺伝子組み換え食品への忌避感を強めていくのだ。
　人間は知らないことに対しては怖いと思うもの。一般消費者向けの情報がほとんどなく、あってもネガティブな情報ばかりの遺伝子組み換え食品については、怖いもの以外の何物でもないだろう。
　こうして、遺伝子組み換え食品が一般消費者にとって怖いものとして定着したならば、食品事業者としては「そうした怖いものは使っていません」と強調するのがマーケティング的には有利に働く。価格競争にさらされる日配品（豆腐や納豆、乳製品などの食品）で、少しでも価値を上げて消費者に訴求する有効な方法が「遺伝子組み換えでない」という表示なのだ。

研究者でさえも実態を知らず

　ところで、遺伝子組み換え食品について、正確に認識している人はすこぶる少ないというのが私の印象だ。

　これまで取材した限りでは、分子生物学の研究者は遺伝子組み換え技術については当然承知しているものの、日本が大量に遺伝子組み換え作物を輸入し、法的な表示制度のもとに市場で流通している実態についてよく理解している研究者はほんのわずかだ。ある学術学会の市民向けシンポジウムで、「なぜわれわれ研究者が、遺伝子組み換え食品を食べるべきかの議論をしなければならないのか」と疑問を呈する研究者もいた。

　また、かつて米国で大手チェーン系外食企業のスーパーバイザーを務め、現在は日本で外食産業界で活躍するコンサルタントは、米国の農作物や食品を熟知しているであろう期待をよそに、「米国からそんなに多くの遺伝子組み換え作物が輸入されているんですか」と驚きを示した。同僚を見まわしても、食品流通の取材経験が豊富な記者でさえ、米国から大量の穀物を輸入している事実は知っていても、そのほとんどが遺伝子組み換えであることは知らなかった。

　彼らが遺伝子組み換え食品について知らないことを嘆いているのではない。それほど、遺伝子組み換え食品についての情報が身近にないのだと言いたい。遺伝子組み換え食品について最も正確で適切な情報を有する、遺伝子組み換え作物の種子企業や遺伝子組み換え作物を輸入する穀物商社などは、テレビメディアなどを活発に駆使して製品の宣伝CMを流す大手食品企業と違って、限定的な情報発信にとどめている。ウェブサイトを来訪してきた消費者に対しては、丁寧に安全性の根拠などを説明しているが、積極的に「安全ですよ。だから、不安にならずに、食べてくださいね」などとは決して言わない。既に大量の遺伝子組み換え食品を消費してくれているのであれば、間違った理解を正すことなく、そっとしておくのが、ビジネスとしては得策だとの判断のようだ。

遺伝子組み換え食品への関心は相対的に低下

　遺伝子組み換え食品についての情報が身近にないとどうなるか。

　遺伝子組み換え食品に反対したい一部の運動家は、一般消費者が遺伝子組み換え食品についての正しい情報を持ち得ないことをよいことに、自分たちの主張を思いっきり打ち出してくることになる。

　反対派にとっての独壇場だ。

　ずいぶん前に、元全国消費者団体連絡会事務局長の日和佐信子さんから聞いたエピソードを披露しよう。

　「遺伝子組み換え食品の日本上陸前夜、消費者団体としても、これまでになかった新しい食品ということで勉強に励んでいた。そんな折、大学や研究機関などへ専門家の講師派遣を依頼したものの応じてもらえず、何とか探し当てた親切な研究者は、なんと反対派から支援を受けている研究者だった。このときの"洗脳"が遺伝子組み換え食品の正しい理解への妨げとなり、後々尾を引くことになった」

　反対派が展開する遺伝子組み換え食品の間違った情報によって、一般の人々の不安が増し、遺伝子組み換え食品への不信感が高まっていったのは間違いないようだ。とはいえ、反対派は、終始遺伝子組み換え食品だけを対象に反対活動をしているわけではない。反対運動をすること自体が仕事である彼らは、消費者の関心があるさまざまなテーマに対して幅広く活動し、その時々の社会の関心の高さによって活動内容を変えている。

　最近でいえば、東日本大震災に伴う福島原発事故による放射線汚染問題に注力してきた。その分、遺伝子組み換え食品への反対活動は相対的に少なくなったとも言えよう。また、一般消費者側から見れば、食肉の生食問題や農薬の意図的混入事件など、以前はなかった問題も増えており、不安の対象としての遺伝子組み換え食品の存在は薄れているように思える。

　実際、食品安全委員会が2015年5月13日にプレスリリースした調査結果においてもこれが示された。調査は、19項目のリスク要因（残留農薬や

食品添加物、ダイオキシン、カビ毒、病原微生物など）を提示して、食品安全の専門家グループと一般消費者グループにそれぞれ「健康への影響に気をつけるべき」と思う順位をつけさせるアンケート。

　遺伝子組み換え食品はいずれのグループでも11位以下だった。つまり、19項目の中で最も「健康への影響に気をつけるべき」と思わない結果になった。この調査結果では、消費者は「気をつけるもの」として2番目に残留農薬を、3番目に食品添加物を挙げている。

　かつては冒頭にも紹介したように、この2項目と遺伝子組み換え食品を併せて「嫌われ者3兄弟」と呼んで忌避の象徴としていたものだが、いつのまにやら遺伝子組み換え食品が姿を消していたようである。ただ、これをもって「リスクコミュニケーション活動が奏功し、消費者の理解が進んだ」と考えるのは間違いだ。

　遺伝子組み換え作物に関する情報（ニュースなど）が相対的に少なくなったことが主な要因だろう。つまり、情報不足によって、「意識しなくなった」あるいは「忘れてしまった」という方が実態に近いような気がする。

新しい育種技術も登場

　このまま「忘れてもらった方が消費者の不安も解消するのでよいのでは」、あるいは、「わざわざ寝た子を起こすように論争を巻き起こさなくてもよいのでは」、という向きもあるようだが、私はそうとは思わない。これまで以上に正しい情報提供を進めるべきだと思う。

　というのも、現在の遺伝子組み換え技術とはまた別のNBT（New Plant Breeding Techniques = NPBTともいう）という新しい育種技術の実用化も近いからだ。NBTは、遺伝子組み換え技術を使うが、狙った場所を正確に改変したり、短時間で多数の遺伝子を改変したり、最終産物に余分な外来DNAを残さないなど従来の組み換え技術とは異なる特徴をもつ。

　言い換えると、従来の遺伝子組み換え作物が、もともとその作物が持ち

得ない外来遺伝子を導入操作することで新しい形質を持つ作物をつくり出していたのに対して、NBTは遺伝子を形成するDNAの塩基ひとつだけを変えるなどして、自然界で起こる変異に近い方法で新しい作物を開発することができるメリットをもつ。従来の育種に近く、遺伝子を組み換えた痕跡がはっきりしないため、いまの表示規制を適用するのが難しい可能性も出てくる。

簡単に言えば、NBTは効率良く、確実に新しい品種をつくることができるメリットがあり、近未来の農業の変革に一役買うことは間違いない。

それに対して、早くも一部の反対派は、「遺伝子組み換え技術を使っていることを隠している」と指摘し、「嘘をついている」「騙している」と糾弾しているのだ。また、それを2012年に報じたある大手新聞メディアは「遺伝子操作 消える痕跡」という見出しを打って、問題を提起していた。これはネガティブ情報ばかりを世に送り出すメディアの一例だ。

成長戦略の一翼を担う農業の発展に資するためにも、NBTなど新たな価値の創造においては、最大限の情報提供に努め、消費者の信頼を勝ち得ることが不可欠だ。

「情報提供しないことが消費者を安心させる」などということは決してない。消費者の誤解につけこんで、マーケティング活動を行ってきたことも反省すべきだろう。これらを肝に銘じ、メディアに身を置くものとして、今後も一層適切な情報提供に努めていきたい。

Ⅲ部

遺伝子組み換え作物の真実
The Lowdown on GMOs

序章
つくり話からの解放

カール・ハロ・フォン・モーゲル
分子生物学者

遺伝子工学の成果は実証済み

　遺伝学を学ぶ学生として、カリフォルニア大学デービス校で初めての授業に出席したのは、1999年秋のことであった。一生をかけて自分がやりたいことは何かを考えていたちょうどその頃、惨事のニュースが駆け巡った。

　活動家のグループが、遺伝子組み換え作物に反対し、研究農場と気象観測装置を破壊したのである。彼らが破壊したのは、遺伝子組み換えとは全く関係がなく、植物科学を専攻する学生たちの卒業論文プロジェクトをはじめ、いくつかの基礎研究プロジェクトを実施していた農場であった。こうしたパターンはその後も繰り返され、米国中で、また世界中で、同様の破壊行為や反対運動が行われた。

　数年が経ち、植物遺伝学と科学ジャーナリズムに興味を抱いた私は、どちらの方向に進むべきか迷っていた。その頃また別の反対運動家のグループが、公有地の提供を受けていた、私の通う大学を襲った。このときの活動家らは、大学の階段の吹き抜けで、DNAをかたどった彫刻に自分たちの体を縛り付け、遺伝子組み換え樹木で世界を覆い尽くそうとしているプロジェクトを中止させなければならないと主張した。

　学内紙に記事を書くためデンドローム・プロジェクト（Dendrome Project）の責任者にインタビューを行ったことがあった私は、同プロジェ

クトが、実際には活動家らが言っているようなものでは全くないことを知っていた。それは樹木研究によって得られた遺伝子配列を集めたデータベースをつくろうというプロジェクトに過ぎなかったのである。こうした遺伝子データベースの代表的な例にジェンバンク（Genbank）があるが、人間の病気にかかわる遺伝学から作物や絶滅危惧種の遺伝学まで、科学者が取り組むさまざまな研究に活用されている。

　遺伝子組み換え作物は、いたるところで、破壊され、阻止され、禁止され、悪者扱いされていた。なぜ、こんなことが起こっているのか、理解しようと私は苦悩した。抗議と称する行動も、そうした破壊行為や反対運動を正当化するために用いられるレトリックも、私が学んでいた科学とは相容れないもののように思えた。

　人類は、何世紀もの間、作物や家畜を改良する方法を模索してきた。そして、前世紀に至り、生物の変化をつかさどる遺伝学の基本原理について、人類の知識が飛躍的に拡大した。私たちは、こうした知識を活用するための新なツールを次々に開発し、作物を改良し続けることによって、社会のニーズに応えて、食料を、衣服を、そして近年では燃料も手に入れてきた。

　遺伝子工学は、そうした中で生まれてきた最新のツールのひとつである。私たちは、数千年もの間、いわばやみくもに作物を変化させてきたが、このツールを手にすることによって、より直接的に作物を改変できるようになったのである。

　また遺伝子工学によって、育種に利用できる遺伝資源のプールが格段に広がった。これまで近縁種同士を交配するしかできなかったものが、ありとあらゆる生命のネットワークから自由に遺伝資源を導入できるようになったのである。

　医学や農学の分野では、数えきれないほど遺伝子工学の成果が生かされている。また、今日に至るまでに、遺伝子工学の実用性、有効性、安全性について、何百という研究が発表され、実証されている。こうした研究の中には、遺伝子工学が世界に及ぼす影響はまだ完全には分かっていないこ

とを指摘し、知られざる影響を解明する方法について論じているものもある。

遺伝子工学が予期せざる影響を引き起こす可能性についての議論に遭遇してからというもの、私は、手に入るものを読みあさり、フォーラムに出席し、新聞や地元コミュニティーラジオ局のために関係者にインタビューを行ってきた。

フロリダの男性が、遺伝子組み換えトウモロコシに対しアレルギー反応が出たとして自分自身の動画を投稿した時も、カナダの農業生産者が、偶然の他家受粉によって遺伝子組み換えカノーラ（西洋ナタネ）が自分の農場内に広まってしまったために訴えられたというニュースが流れた時も、新たな主張を耳にするたびに、その情報の出所まで辿って調査を行った。

アレルギーを起こしたとする男性は、二重盲検法（※医薬品などの効果を客観的に検定する方法のひとつ。試験薬と偽薬を２つのグループに分け与え、どちらのグループにどの薬を与えたかは医師にも分からないようにしてテストする）によるアレルギー試験を実施した結果、遺伝子組み換えトウモロコシに対するアレルギーなどもっていないことが分かった。

カナダの農業生産者の方は、自分の農場のカノーラに除草剤を散布して、わざわざ遺伝子組み換えカノーラの種子だけを採種の上、毎年播種し直していた。

これら活動家の主張、彼らに取りついている妄念を追究するたびに明らかになるのは、その背後にある覆面をした人物の存在だ。彼らは、ほとんどが表舞台から姿を消したが、これらのつくり話によって広められた迷信は、繰り返し現れては、世の議論の中で生き続けている。

今では、話がゆがめられ、さまざまなバリエーションが増えているばかりか、人々の個人的・政治的アイデンティティーの一部となってしまっている。しかも、人々のアイデンティティーによって情報がフィルターにかけられ、断片化してしまっているこの新たなオンライン・メディア環境にあって、誤った情報を一掃し、清浄な空気を取り戻すのは、科学者にとっ

ても、またジャーナリストにとっても、気の遠くなるような作業と言える。
　何ゆえ科学者は、研究、教育、論文の査読、学会の計画や発表に追われ、それでなくとも忙しいのに、自分たちの研究成果に対して常に疑いの目を向ける人々が煽り立てる騒動に、自ら足を踏み入れてまで、反論に応えようとするのだろうか。そんな暇があったら、自分の研究に専念して、知識の最前線をどんどん押し広げて行けばいいではないか。
　何ゆえジャーナリストは（ブロガーからプロの報道記者までさまざまな"ジャーナリスト"がありうるが）、時間をかけていい加減な情報や扇情的な主張をふるい分け、ただ一粒の光り輝く真実を探り当てようと努力するのか。苦労して見つけた真実を伝えたとしても、その記事に対して戻ってくるのは「民衆を欺くための大いなる陰謀に加担している」などと決めつけるコメントだというのに。
　楽な道を選ぶなら、流れに逆らわず、下手に注目を浴びないようにしているのが、賢い選択であると言えよう。しかし、長期的な未来について考えれば、楽な道を選んでいてはいけないことが分かる。なぜなら、遺伝子工学の技術を善なる目的に利用することで、大きなメリットが得られるのだとしても、人々が協力し合わなければ、それは実現しないからである。
　人々を啓発し、遺伝子工学の課題についてもっと学び、もっと探究を進めなければ、その可能性を十分に開くことは決してできないだろう。そうした問題意識が、科学とコミュニケーションの両方を合わせた道へと、私を進ませたのである。人々は、この技術と自分たちとの関わり方について、そして、なぜ非常に多くの科学者がこの分野の研究に生涯を捧げているのかについて、もっと理解する必要がある。
　私たちは、遺伝子工学を私たちの生活の中で利用することの、また利用しないことの、真のメリットやリスクについて、しっかりとした議論を行う必要がある。そのためには、居心地の良い立ち位置から、一歩を踏み出さなければならないのだ。
　極端な、希望がない論争の醜い側面を描き出してきたが、それは表面的

な様相に過ぎない。実際には大半の人々は、この技術に対してどのような態度を取ったら良いのか、まだ決めかねているというのが本当のところだと思う。だから、今も、評価を下すために役立つ知識を求めている。科学的な取り組みを通じて、新たな研究の方向性や将来の可能性が次々と見いだされている。そして、科学者やジャーナリスト、環境保護主義者、農業生産者、ビジネスリーダーなどさまざまな立場の人たちの間で、この知識を正しく管理していくために手を貸したいと考える人々の輪が拡がってきている。これらの人々は、それぞれの専門知識を持ち寄って、暗闇の中から私たちが進むべき道を照らし出し、もう何年も前に始めているべきだった議論の道しるべを示してくれているのである。

　本書では、自分たちの直接的な体験と遺伝子組み換え技術の知識とを結び付けることによって、重要な新しい視点を投げかけている人々の声を紹介するとともに、この技術が私たちの将来に果たしうる役割をどう分析したら良いのかを考察する。中には、かつて反対派にくみしていたものの、科学と合理性と人類共通の価値に導かれて、議論のこちら側に戻ってきたという人々の証言も含まれている。

　遺伝子工学を巡る議論に関心があるのであれば、賛成派であれ、反対派であれ、あるいは、ただ単に食べ物を食べる人という立場から、本書を読み、迷信を払拭し、心を開くことに、決して損はないはずである。

1章

遺伝子組み換え作物は怖くない

アラン・マクヒューゲン
分子生物学者

世界中の研究機関は「リスクなし」と判断

　遺伝子組み換え生物（GMO）とは、1970年代から1980年代にかけて開発され、研究者が植物や動物、微生物からDNA（すなわち遺伝情報）を取り出して、ほかの植物や動物、微生物のDNAと組み換えることを可能にした技術の産物である。この技術は、遺伝的に制御された形質を、異なる種に導入することを可能にした。例えば、バクテリアにインスリンを生産させたり、水分を好む作物を耐乾燥性に変えたりすることができるのである。

　さまざまな理由により、この遺伝子組み換え技術、組み換えDNAを怖がる人々がいる。1998年、英国のチャールズ皇太子は、デイリー・テレグラフ紙（The Daily Telegraph）に「この種の遺伝子組み換えによって、人間は、神の領域、神だけに許された領域に足を踏み入れることになると考える」と書いた。また、遺伝子組み換え作物の安全性に関する過去のデータが不確かであると感じる人や、この技術によって食品の安全性に予期せぬ危険因子がもたらされるのではないかという不安を拭えない人もいる。

　一方で、組み換え技術そのものよりも、世界の食料供給が巨大多国籍企業によって支配されてしまうことを恐れる人々も多い。例えば、遺伝子組み換え作物の開発最大手のモンサントは、嫌われ役の代表格であろう。

　しかし、実際には、遺伝子組み換え技術は、ヒトインスリンから、殺虫剤をあまり使用しなくても栽培できる安全な作物まで、多くの有用な製品を世界に送り出してきた。さらに、その30年の歴史の中で、遺伝子組み換え製品が人間、動物あるいは環境に危害を与えたという事例は、全米アカデミーズ（全米科学アカデミーなど4組織から成る米国の学術機関）や米国医師会などの権威ある情報源からは、ただの一例も報告されていない。遺伝子組み換え製品がどれほど広範な医薬品、農産品、食料、産業用途に使用されているかを考えれば、かなり優秀な成績結果であると言わねばなるまい。

似非科学に躍らされるな！

　それなのに、なぜこんなにも多くの人々が、いまだに遺伝子組み換え技術を恐れているのだろうか。単純な答えがひとつある。人々の恐怖心をかき立てるために巧妙につくり込まれたジャンクサイエンス（似非科学）とその流布である。

　ジェレミー・リフキン氏（Jeremy Rifkin）は、遺伝子組み換え技術の潜在的危険性について人々を怖がらせることで、大金を稼いだ最初の活動家である。リフキン氏は科学者ではなく、経済学者であり、つくり話の名手でもあった。『アルジェニー』（Algeny、1983 年）や『バイオ工学世紀』（The Biotech Century、1999 年）をはじめとする多くの著作があり、一応ノンフィクションとして分類されているが、1 冊として査読（※他の専門家による評価や検証）を受けたものはない。

　進化生物学者であった亡きジェイ・グールド氏（元ハーバード大学教授）は、リフキン氏の『アルジェニー』について「巧妙に組み立てられてはいるが、学問の仮面をかぶった反知性主義的プロパガンダ」と切り捨てている。さらに 1989 年には、米タイム誌で「科学界で最も嫌われる男」として取り上げられた。

　しかし、リフキン氏の主たる攻撃対象は、バイオテクノロジーではなかった。彼が諸悪の元凶として描き出したのは資本主義と近代農業であった。この 2 つが組み合わさることによって、人間性の崩壊を招くとするジャンクサイエンス理論を打ち立てたのである。

　グリーンピースや地球の友（Friends of the Earth）、英国土壌協会（Soil Association）などに代表されるほかの特定利益集団も、遺伝子組み換えにまつわる「怖い話」を広めるために、豊富なメディア操作手法を活用している。

　米国から輸入された遺伝子組み換え食品を食べると勃起障害になるとの噂をアフリカ地元民に流した活動家らは、こうした警告を発することで、自分たちは公益に貢献しているのだと自負している。

フィリピンでは、遺伝子組み換えトウモロコシの畑の中を歩いて通るだけで、そもそも異性愛者であった男らしい男性が、同性愛者になってしまう可能性があるなどと触れ回った活動家らがいた。中には、この話を信じてしまった人までいるのだ。

　また、欧州の活動家らは、2002年の大飢饉のさなか、ザンビアを訪れ、当時のザンビア大統領であったレビー・ムワナワサ（Levy Mwanawasa）に対し、米国が提供した支援食料に含まれる遺伝子組み換えトウモロコシは「有毒である」と説いて、信じ込ませてしまった。英国放送協会（BBC）の報道によれば、何百万という米国人をはじめ、ほかの国の人々が食べても何ともなかった、その同じ遺伝子組み換えトウモロコシを、大統領はカギのかかった倉庫にしまい込み、「毒を食べるよりはまし」と、国民が飢えて死ぬのを見殺しにしたというのだ。これにたまりかね、飢えたザンビア人たちは倉庫に押し入り、「毒入り」トウモロコシをむさぼり食べて命をつないだのである。

　もうひとり、有名なジャンクサイエンティストにジェフリー・スミス氏（Jeffrey Smith）がいる。現代農業のもたらす危険性を非難する数冊の本を上梓し、とりわけ遺伝子組み換え作物および食品を敵視した。査読を受けていない、自費出版による著作『遺伝子ルーレット』（Genetic Roulette）の中で、スミス氏は、いくつかの怪しげな報告（そのほとんどが査読を受けていない情報源からの抜粋）を取り上げ、あたかも科学か医学の学位をもっているかのような自信に満ちた学術的な語り口で、詳細に解説を加えている。

　実際、インターネット上で見かけるスミス氏の信奉者は、"ドクター・スミス"などと呼んで、彼の主張に科学的・医学的な信憑性があるかのごとき印象を与えている。しかし、彼の履歴書をよく読んで見れば、科学における経歴など無きに等しく、ダンスホールのダンス・インストラクターだったり、ヨガで宙に浮いたりといった過去の活躍があったのみである。

　ソーシャルメディアがデマに拍車をかける——この時代、どんな突飛なジャンクサイエンスであろうとも、誰でもインターネット上で自分の主張

を公表することができる。しかし、考えてみよう。植物の育種家が、熱帯の貧しい国々に蔓延するビタミンA欠乏症の克服に有効な栄養強化された一株のイネを開発したとしよう。するとメディアは、スミス氏のような似非科学者へのインタビューを取りに走り、栄養学や農学の権威ある専門家のところには行かない。

実際に根拠のある疑問や懸念を議論の場に投げかける可能性があるのは、学問的背景のある人々だというのに。

2012年、フランスの科学者のセラリーニ氏（Gilles-Eric Seralini）と彼の研究チームは、遺伝子組み換えトウモロコシを2年間にわたり給餌した動物実験において、有害性が確認されたとする査読論文を発表、その後、出版社により掲載を取り消された。セラリーニ氏は当初、自身の研究が、世界で初めての遺伝子組み換え作物の長期給餌実験であると豪語していたが、実際には、遺伝子組み換え作物を使った長期的給餌実験は、以前にも多数行われ、査読論文として発表されていた。

セラリーニ氏も彼の弟子たちもその事実に言及していないが、実際、彼が論文を発表したジャーナルにおいても、以前に同様の研究が掲載されており、遺伝子組み換え作物が動物に与える影響について、セラリーニ氏の研究とは正反対の結論を導いていた。

つまり、遺伝子組み換え作物は、通常の非遺伝子組み換え作物でつくられた餌と同じくらいか、それ以上に安全であるという結論に至っていたのである。

幸いなことに、世の中には信頼に足る情報源というものも存在する。食品安全及び環境持続可能性は、必然的に科学的なテーマである。従って、食品供給や持続可能性へのリスクを評価するには、正統な教育を受けた有資格者による科学的および医学的な専門知識や技術に頼らなければならない。

そういった専門機関（公益に資する非営利組織）としては、全米科学アカデミー、米国医学研究所、英国王立協会、米国医師会、フランス科学アカ

デミー、米国栄養士会、第三世界科学アカデミー（Third World Academy of Sciences）の他、米国の農務省、食品医薬品局、環境保護庁、カナダ食品検査庁、カナダ保健省などの政府機関があげられる。これらすべての機関で遺伝子組み換え技術に関連するリスク評価が行われてきたが、例外なく、従来の育種法と比べて、いささかもリスクが高まることはない（場合によっては、むしろリスクが減じる）と結論付けている。

対照的に、世界中探してみても、遺伝子組み換え技術の方が従来の育種法と比べてリスクが高いと結論付けている査読論文を発表した科学もしくは医学の専門研究機関はひとつたりとも見つからなかった。

しかし、残念なことに、これらの研究機関は、メディア上でも、ソーシャルメディア上でも、比較的目立たない存在である。科学的信憑性の面では最上位に位置するのに、インターネットで検索をかけると、ページの下の方に表示されるにとどまる。これらは、主として全米科学アカデミー、英国王立協会、米国医師会といった、科学や医学の専門家協会や団体であることが多い。

こうした団体は、遺伝子組み換え作物を販売しているわけではないので、「企業は、自分たちの商品を売るためなら、平気で嘘をつき、消費者を騙し、人々から盗み取る」というような、似非科学者や反テクノロジーの活動家がしばしば用いる非難も当てはまらない。

遺伝子組み換え技術の農業および食糧生産への適用とその安全性および持続可能性という面では、全米科学アカデミーの専門家による安全性研究の歴史は1986年にまでさかのぼる。こうした数々の研究の結果は、すべてオンライン上で無料公開されており、探す場所さえ分かっていれば、誰でも読むことができる。これらの研究はひとつ残らず、ほぼ同じ結論に達している。

すなわち、遺伝子組み換え作物は、ほかの育種方法による作物に比べて、危険性が高いということはないとする結論だ。例えば、2004年に行われた、遺伝子組み換え食品の安全性に関する大規模調査においても、遺伝子組み

換え技術は本質的に危険ではないと結論付けられている――「今日に至るまで、遺伝子組み換えに起因すると考えられる人体の健康への悪影響は、まだ報告されていない。」

さらに最近の研究では、2010年に、遺伝子組み換え作物が農場の持続可能性に与える影響に関する調査が米国で実施された。この研究の結果、遺伝子組み換え技術は、非遺伝子組み換え作物を使用した場合に比べて、環境面でも経済面でも著しいプラスの影響を生んでいることが確認された。

同様の研究が、世界中のさまざまな国々の科学者によっても行われている。そうした国々の中には、遺伝子組み換え作物反対論者の最後の砦ともいえる、欧州連合も含まれる。欧州においては、反科学主義団体が、多くの人々に遺伝子組み換え作物に対する恐怖心を植え付けることに成功してきた。遺伝子組み換え作物の輸入や使用を禁止するための科学的裏付けを求める欧州の政治指導者を支援するため、欧州委員会は、実に25年の長きにわたって遺伝子組み換え作物の安全性に関する公的研究に資金提供を行ってきた。

しかし、残念ながら、新たな危険性を見つけて、遺伝子組み換え作物の輸入禁止を正当化したいという欧州政治家の思惑は、当てが外れてしまったようである。これまで欧州連合 (EU) が資金提供してきた研究はすべて、遺伝子組み換え作物の安全性に関するほかの国々の公的研究と同様の結論に至っている。すなわち、遺伝子組み換え技術によってもたらされる新たなリスクはない、という結論である。

2001年、EUの科学コミュニティーは、その研究成果をまとめた報告書を発行した。7000万ユーロの費用を投じ、非営利の公的研究所に所属する科学者から成る400のチームが参加して、遺伝子組み換え作物の安全性に関する81件のプロジェクトが行われた。その結果、遺伝子組み換え作物は、ほかの育種方法による作物に比べて、危険性が高いということはないと結論付けられた。

その後、400以上の非営利公的研究所が関与し、2億ユーロを超すEU諸国の税金をつぎ込んで、さらに50件の遺伝子組み換え作物安全性研究プロジェクトが実施されたが、これらの研究をまとめた2010年のフォローアップ研究でも、同様の結論が繰り返された。遺伝子組み換え作物は、ほかの育種方法による作物に比べて、危険性が高いということはない。
　なぜなのかを知るには、この先を読み進もう。

# 2章

21の問い

フォーラット・ジャナビ
ライター

なぜ私は、反対から賛成へ転向したのか

　私はかつて、遺伝子組み換え作物反対論者でした。その当時、私はヨーロッパに住んでいて、ヨーロッパでは、ほとんど誰もが遺伝子組み換え作物反対論者であり、それがいわば共通の基本姿勢だったのです。だから、誰かに対して遺伝子組み換え反対論を振りかざす必要性は感じていませんでした。とは言え、私はかつて、遺伝子組み換え作物反対論者だったのです。そして、今ではそのことをとても恥じています。

　恥じるとは、いささか強い言い方だと感じるでしょうか。なぜ恥じる必要があるのか。それは、私が専門家の言うことに耳を傾けようとしなかったからです。自分では生物学について、かなりしっかりした知識を持っているつもりだったのですが、実はスイスチーズのように穴だらけだったことに気付いていなかったからです。世界の人々が何を欲しているのかを、その当人たちよりもよく分かっているつもりになっていたからです。

　さらに最悪だったのは、私はほかの人々に代わって、その質問に答える権利があると思い込んでいたからです。私が勝手に決めることなどできないことを分かっていなかったのです。遺伝子組み換え作物の種子を使った方が、非遺伝子組み換え作物の種子を使うよりも、少ない資源や農薬投入で栽培できることを知りもせず、無知ゆえに反対し、時に声をあげ、証拠に目を向けようとしなかったことを恥じているのです。

　この章に収められた、一問一答形式による以下の3つのインタビューは、分子生物学について何も知らず、遺伝子組み換え作物反対論者だった私が、やがて、個人的に利益を得るからではなく、純粋にその背後にある科学に眼を開かれて、遺伝子組み換え作物賛成論者へと変化していったその旅路を辿ったものです。

　これらの質問とその回答を読めば、遺伝子組み換え作物を巡り、ヨーロッパ、アメリカ、そして世界の豊かな国々の多くで、今も響き渡る反対の大合唱の中で、少数派の側につくまでの私の旅路を理解していただけると

思います。

　植物遺伝学者、家族経営の農業生産者、そしてバイオテクノロジー企業のCEO（最高経営責任者）という3人の人物へのインタビューです。メディアでは、ほとんど取り上げられることのない視点に触れることができます。メディアでは、専門家の意見を紹介する代わりに、実際に実験をしたことも、作物を栽培したことも、飢えたこともない人々が、分子生物学や農業や世界の実情をすべて知ったようなふりをして、まき散らす内容ばかりを伝えています。

　人々が押し付けてくる意見など、二束三文の価値もありません。本当に重要なのは、実験と証拠、そして経験です。以下の3つのインタビューや、その後に掲載されている記事も、その大事な実験と証拠と経験がふんだんに紹介されています。お楽しみください。

分子生物学者、
ケビン・フォルタ氏との一問一答

科学者の間では論争などない

——遺伝子組み換え作物の影響について議論したり、討論したりする時に、人々が最も陥りやすい勘違い、誤りとは何ですか。

　思い違いは、それこそ無数にあります。第一に、これはしごく基本的な問題なのですが、論争があるというその認識自体が誤りです。植物分子生物学および作物学の分野の科学者の間では、論争など存在しません。もちろん、遺伝子組み換え作物の安全性に賛成しない人も、ちらほらいることはいます。しかし、データに基づく科学文献の舞台において、進行中の論争というものはありません。なぜなら、遺伝子を組み込んだ作物の危険性を示すような、あるいは、従来的な手法で育種した植物に比べて潜在的な危険性が高いことを示すような再現性のある堅牢なデータは存在しないからです。

　最も腹の立つ勘違いをひとつ挙げろと言われれば、科学者は全員、多国籍アグリビジネスの手先で、人々を騙すために働いているという主張でしょうか。文献の科学的な解釈としてコンセンサスの取れている見解を示すと、即座に企業の手先だと決めつけられて、相手にされなくなります。見当違いも甚だしい誤解です。

　私たち科学者の大半は、企業から資金を受け取っているのではなく、先細りになっていく国や州や地域の公的資金によって、辛うじて研究を続けているのです。善良な科学者の信頼性を毀損するような攻撃は、学究的な研究所に踏みとどまり、公共の利益のために働こうと決意した科学者の意欲をそぎます。高給が保証されている巨大アグリビジネスでの楽な仕事を

蹴って、公衆のために研究することを選んだのに、その決意が揺らいでしまいます。悲しいことですよね。

　私たち科学者がデータを隠し、企業の思惑に合致しない研究結果は公表しないのだという主張を耳にすることがありますが、ここでひとつはっきりさせておく必要があるでしょう。私たち、公的研究機関で働く科学者は、企業のルールにおもねりたくて、わざわざ公的機関で働いているわけではありません。そんなわけないじゃないですか。私たちは、科学における自由を保証され、既存の法則によって説明できない事象を発見し、新たなパラダイムを自分の手で打ち立てるためにここで研究を続けているのです。もしも私の研究室で、遺伝子組み換え作物が危険であるという証拠が少しでも見つかったならば、私はその研究結果を再現するために全力を尽くすでしょう。研究協力者を募り、その人たちにもそれぞれ独立的に再現してもらうでしょう。そうやってデータをまとめ、『サイエンス』(Science)や『ネイチャー』(Nature)といった一流誌の表紙を飾る論文として発表します。きっと、さまざまなニュース媒体でも取り上げられるはずです。世界を揺るがす大発見ですから。私たちの食卓に上る食品の70％以上が有毒であることを証明するわけですよ？　とてつもない大発見です。ノーベル賞だって夢じゃない。

　エイミーのオーガニックポットパイ（非遺伝子組み換えの有機農産品を使っていることを売りにした食品の商品）を、一生タダで食べさせてもらえるでしょう。私たちが一生をかけて追い求めているのは、法則を破る例外的な事実です。しかし、法則を打ち破るためには、大量の厳密なデータをそろえる必要があります。今のところ、その端緒に付くことができるだけの証拠すらないのです。

　もうひとつ、大きな思い違いを挙げれば、何かが「安全であること」を証明できると思っている人が多いことです。安全であることを証明できる物なんてありません。私たちにできるのは、仮説を立て、仮説に沿った試験をして、有害性の証拠が挙がらなかったことを証明するだけです。考え

得るすべての要因や条件を試験することなどできません。不可能です。まず、危害を及ぼしうる作用メカニズムがあるだろうかと考えるわけです。あるなら、そのメカニズムを試験してみます。もしも、有害な可能性のある作用メカニズムが無ければ、広範な調査研究を行います。つまり、科学者として、有害性の証拠を探すことはできますが、何かが「安全である」ことを証明することはできないのです。

——遺伝子組み換え作物が、私たちを取り巻くバイオスフィア（生物圏）にとって有益であるとはどういうことですか。どんな利点をもたらしているのですか。同じ利点を実現するのに、有機農業よりも優れていると言えるのはなぜですか。

　殺虫剤の使用量を減らす遺伝子導入植物をつくることができるのは明らかです。この点は、わが国で最も不偏かつ優秀な頭脳の集団である全米科学アカデミーによって詳しく立証されています。

　遺伝子組み換えによる殺虫剤使用量削減効果に関するデータは、ほとんどがワタおよびトウモロコシのデータですが、例えば60％というような大幅な削減が実現できることが分かっています。

　また、ルーマニアで殺虫剤削減タイプの遺伝子導入ジャガイモの栽培を始めたところ、大成功だったのですが、その後、ルーマニアが欧州連合（EU）に加盟したために、殺虫剤を大量使用する従来型の農業に後戻りしなければなりませんでした。

　グリホサート系除草剤への耐性形質を導入した作物も、除草剤耐性雑草の出現を招くという難点はありますが、ほかのより毒性の高い農薬を代替できるという利点があります。

　従来型農法では、大量の燃料、労働力、殺菌剤、殺虫剤、殺線虫剤等々を投入する必要があります。加えて水と肥料も必要ですね。これまでの科学研究により、こうした資源や薬剤の投入を減らす上で役立つ数々の遺伝子が明らかになっています。学術研究所の科学者は、これらの遺伝子を発見すると、研究所内で作成する遺伝子組み換え生物に導入して、その遺伝

子の機能を明らかにします。

　しかし、研究所内でつくられる遺伝子組み換え生物は、研究所外で使用されることは決してありません。実用化するには、分厚い法規制の壁があり、それを突破するのは非常に困難で、お金もかかるからです。従って、大企業でなければ実用化にこぎつけることは難しいのです。オカナガン・スペシャリティ・フルーツ（Okanagan Specialty Fruits、褐変しない組み換えリンゴを開発した会社）のような小規模な会社に対しても、この技術を嫌っている人たちが課すナンセンスな規制の壁が立ちはだかっています。

　だから、遺伝子工学に対する反対は、かえって、大企業を有利にしています。大きな会社でなければ、遺伝子組み換え作物市場に参入できないために、大企業は競争の少ない環境で事業を続けられるのです。

　それで損をするのは誰かと言えば、農業生産者、消費者、環境・学術機関で働く科学者、そして誰よりも、食料や栄養の不足に苦しんでいる世界中の人々です。誰が得をするかと言えば、もちろん巨大アグリ企業です。

――科学について検討する際に、良いものと悪いものとを区別する最も重要な側面は何だと思いますか。つまり、ある研究報告を読んだとして、最初に注目するのはどんな点ですか。

　短期的には、研究対象となったレベルや条件を検討します。動物を使ったのか、それともシャーレの中の細胞を使ったのか。

　遺伝子組み換え反対派が行う研究の多くは、細胞を使った研究です。卵巣細胞、精巣細胞、胎児細胞などの恐ろしげな名前の細胞を使ったものが多いのですが、動物の生体内の複雑さを模す上で必ずしも妥当とは言えない選択です。

　また、動物を使用した研究であれば、適切に対照試験が行われていたか、対照試験の結果が適切に提示されているか（2012年のフランスのセラリーニ氏が発表したラットにおけるがん誘発研究では、都合よく対照試験の結果が除外されている）などの点に留意します。

一見、ちゃんとした結果を出しているように見える研究でも、遺伝子組み換え作物を別種の近縁ですらない植物と比較している場合があります。これでは、有効な比較とは言えません。植物は、それぞれ固有の毒物やアレルゲンを産生しますから、遺伝子導入前の全く同じ植物と比較しなければ意味がないのです。上記の点で、適切に研究が行われていることが確認できれば、さらに、十分な数の被験体を用いて、十分な回数の試験を行っていること、正確で一般的な統計手法を用いていることを確認します。
　これらの基準をすべてクリアすれば、査読を経て、まともなジャーナルに発表することができるでしょう。「まとも」とは、不完全な研究やデータを軽んじた研究でも掲載してしまう三流誌ではなく、科学界に影響力を持つ学術誌ということです。
　たとえ査読を行っていても、質の悪い研究論文が見過ごされてしまうこともあります。近頃では、査読を担当する科学者も編集者も、忙しすぎて丁寧にチェックしきれないことが多いからです。論文査読は、学術界に貢献するためのボランティアとして行われていますから。従って、時折、査読の甘い二流どころのジャーナルに、いい加減な論文がひょいと載ってしまうことがあります。遺伝子組み換え反対派の論文の多くは、この種のジャーナルに掲載されています。
　もうひとつ、良い研究を見分ける重要な特徴は、作用機序を立証しているという点です。単に「遺伝子組み換え作物が細胞に有害である証拠を見つけた」と言うだけでは不十分なのです。どうやって害を与えているのか、どのようなメカニズムを通じて影響を及ぼしているのか、についても説明すべきなのです。
　もしも「有害である」という現象が本物であるならば、その作用機序も、１年程度で分析できるはずです。最近の生体分子解析ツールは信じられないくらい感度が良いので、遺伝子発現や代謝プロフィールにおけるほんの些細な違いもすぐに検出できるのです。もしも本当に遺伝子組み換え作物が細胞に有害であるならば、著者らは必ずその作用機序を解明しているは

ずです。だって、ノーベル賞と一生分のエイミーのポットパイが、かかっているわけですから。

そして、最終的に研究の真価を決定するのは、その再現性です。遺伝子組み換え作物の「有害性」の証拠と称されるものの大半は、影響力の低い二流ジャーナルか、数年前に出版されたものの、科学コミュニティーから激しく反論された論文からの引用（プシュタイ氏やセラリーニ氏など）、もしくはほかの研究所では一度も再現されなかった研究です。

これらの研究は、いわば一発屋の仕事であり、一度話題になったきり、その先の研究へと発展することはありません。まだ不確かな分野の研究が、本物の科学か質の良い科学であるかを測る最も確かな指標は、先々の研究へと発展していくかどうかです。本物であれば、多くの科学者が後に続き、そのテーマを取り上げた研究が実施され、資金も集まり、アイデアも膨らんでいきます。概念モデルが拡がり、作用機序の解明が進みます。

ところが、遺伝子組み換え反対派の研究においては、そういうことが起こったためしはないのです。同じ著者が論文を出版しては、反遺伝子組み換え関連のウェブサイトに掲載され、一時期注目を集めても、科学界では後に続く研究が行われず、忘れ去られてしまうのです。

――遺伝子組み換え作物の安全性について科学コミュニティーの中に対立があるのですか。あるのだとしたら、何ゆえの対立なのですか。

もちろん、遺伝子組み換え作物の安全性についても対立はあります。科学コミュニティーの中で、気候変動や進化論について意見の対立があるのと同様です。米国立衛生研究所（NIH）所長のフランシス・コリンズ氏（Francis Collins）のように、進化論と神による創造論との両立を支持する科学者もいます。

また、少数ながら、気候変動など起こっていないと主張する気象学者や大気科学者もいます。いつだって必ず意見の相違はあり得ますが、多くの場合は、十分な証拠はなく、信念があるだけです。

同じことが、生物学や植物学でもあります。科学的証拠よりも哲学的信念を優先してしまう研究者もいることはいます。しかし、こういった人たちは、研究の最先端を担っているわけではありません。
　私が普段から交流している研究者コミュニティーの中では、遺伝子組み換え技術の安全性および有効性についてコンセンサスが築かれています。有機農業やそのほかの低資源投入型生産システムを研究している科学者ですら、自分たちの研究を促進する一手段としてバイオテクノロジーを支持しています。ちょっと思いがけない感じがするでしょう。一流大学で終身在職権を持つ科学者の中で、遺伝子組み換え作物に反対するような著作を書いている人はあまりいません。
　この点については世間で誤解があるようですね。科学者たちが遺伝子組み換え技術に反対していることの証拠として、よく「憂慮する科学者同盟」(Union of Concerned Scientists) の名前が挙げられるのですが、この団体のメンバーをよく見てみると、彼らは実際には科学者ではなく、活動家です。彼らは、バイオテクノロジー分野での研究や論文出版などしていません。ほかにも、専門家を自称したり、どこかの大学とのちょっとした関係を利用して信頼性を装ったりする人たちがいます。
　彼ら（例えば、ジェフリー・スミス氏など）は、あたかも、この分野に精通しているかのような話しぶりですが、彼らは専門家ではありません。素晴らしいキャリアと履歴を持つチャールズ・ベンブルック氏 (Charles Benbrook) のような男ですら、この話題に関しては、冷静さを欠いてしまうようです。
　ですから、読者の皆さんには、ここに挙げたような基準をすべて適用した上で、研究の質を判断してほしいですね。中でも、データが持つ本当の意味、誰がその研究を行ったのか、ほかの研究者によって独立して再現されたのか、の３点が、遺伝子組み換え作物に関連するテーマで真実とフィクションを区別する最も重要な判断基準です。

──遺伝子組み換え作物には、検証済みの欠点がありますか。

　いくつかの短所はあります。第一は、グリホサート系除草剤への耐性形質を利用した場合の抵抗性雑草の問題で、この件については、さまざまな研究で説明されています。そもそもグリホサート（除草剤）に耐性を持っていた丈夫な雑草があります。グリホサートを吸収しないか、分解してしまうか、作用できないようなところに溜め込んでしまうか、除草剤の影響を受けない EPSPS 酵素を持っているか、のいずれかの理由でグリホサートが効かない種類の雑草です。

　グリホサートを散布して、ほかの雑草がその地域から一掃されてしまうと、ヒルガオやイチビ（※雑草として有名なアオイ科の一年草）など除草剤に強い雑草が競争から解放されて繁茂します。これらの雑草は、最初から耐性を持っていた種類で、ほかの種類の除草剤の使用や散布量の増加など、より高次の防除法が必要になります。

　これよりもっと大きな問題が、ほかの雑草による抵抗性獲得です。広大な面積にグリホサート耐性組み換え作物を大規模栽培し、農薬を散布する場合、突然変異により、グリホサートをまいても枯れない雑草が現れる可能性が必ずあります。それまで耐性を持っていなかった植物が抵抗性を獲得するのです。

　こうして抵抗性を獲得した植物も、競争をまぬかれて急速に増殖する可能性があります。このような場合には、除草剤の散布量を増やしたり、新技術を使った別な除草剤を追加したりして、駆除しなければなりません。

　しかし、農薬の使用および環境への影響は、最低限に抑えるよう私たちは常に努力するべきです。例えば、グリホサート耐性と 2、4-D 耐性（2、4-D は除草剤）とを組み合わせるなど（例えば、エンリスト雑草防除システム）、複数の形質を組み込むスタッキング法（異なる形質をもった植物を交配させて、複数の形質をつくり出すこと）を使用すると、抵抗性獲得雑草が出現する可能性が低くなり、うまくいくようです。そもそも最初から、スタッキング法を使用するべきだったのだと思いますね。

将来的には、農薬が吸着しやすい界面活性剤（展着剤）の改良や、除草剤の有効化学成分の改良により、環境影響を低減しつつ、現在の除草剤と同等の効果をあげることができるようになるでしょう。

　もうひとつの短所は、Btタンパク質に抵抗性を持つ昆虫の出現です。昆虫がBtタンパク質への抵抗性を持つ確率は極めて低いものの、Bt抵抗性昆虫が正式に確認されています。

　適切に害虫防除を行うためには、Bt抵抗性を持たないBt感受性害虫およびその害虫の捕食者が生育できるように、近くに非Bt作物を害虫用の餌として一定程度確保し、抵抗性害虫の出現頻度を低減しなければなりません。Bt抵抗性害虫の出現可能性は極めて低いものの、トウモロコシに付く根切り虫の一部にも抵抗性の出現が確認されています。おそらくは、根切り虫用の餌を確保することが不可能だからでしょう。

　しかし、害虫や根切り虫の抵抗性獲得は、遺伝子組み換えの問題というよりも、農業実践の問題です。害虫はしぶとく、防除が困難ですが、これに対し、Btは非常に効果的で優れた防除戦略です。ですから、この技術をより有効に生かすために、私たちは技術革新を続けていかなければなりません。

　いずれにせよ、こうしたケースを取り上げては、「スーパーウィード（ウィードは雑草）」「スーパーバグ（バグは害虫）」などと呼んで不安がるのは、いかにも大げさ過ぎます。皆さんがスーパーウィードと呼んでいるのは、たかだか一種類の除草剤に抵抗性を獲得した雑草に過ぎません。「スーパー」と呼ぶには、はなはだ役不足です。昆虫についても同じことが言えます。

　遺伝子組み換え技術に関連する問題の例をもうひとつ挙げると、グリホサートが両生類および水生環境に与える影響です。静水中にグリホサートが混入すると、そこに生息する生物種の構成が変化します。また、グリホサートはオタマジャクシの発生過程にも若干の影響を与えます。通常は捕食者の存在と関連付けられているオタマジャクシのしっぽの長さが、グリホサートの影響下では、通常よりも長くなることが観察されています。些

細な変化であるように思われますが、これらの点をよく検討し、引き続き研究していくことが重要です。

と同時に、グリホサートによるこれらの影響は、アトラジン（除草剤）などほかの農薬や、有機栽培において使用されるロテノン（殺虫剤）などの物質が引き起こす影響と比べると、小さいという点も忘れてはなりません。これもまた、遺伝子組み換え技術の問題というよりは、農業実践の問題ですが、いずれにせよ改善すべき点であることには変わりありません。

――科学者は、ある遺伝子をある生物に導入する場合、その遺伝子が組み込まれた先の生物において期待通りに機能するかどうかを、どうやって知るのですか。遺伝子組み換え作物反対論の核心を成すのが、その不確実性に対する懸念です。では、科学者らは、どの程度確実だと思っているのですか、またその根拠となる証拠は？

まず言えることは、私たちは、植物生物学および遺伝子がどのように機能するかについて、豊富な知識を持っています。ある企業が、製品への導入を視野に入れて、ある遺伝子を試験してみようと試みるより以前に、その遺伝子の機能や相互作用する他因子、その遺伝子が細胞内で担っているほかの役割などを理解するために、膨大な試験が既に実施されているのです。

遺伝子導入植物が作成されるずっと以前に、それによってもたらされる潜在的リスクも有用性も、知ることができるのです。従って、その植物が実際に作成される前に、どんな現象が現れるかを科学者らは既に正確に知っているのです。それに従って試験を行います。

15年前なら、分からないとか、不確実であるということはできたでしょう。導入した遺伝子がどこに組み込まれるか、ほかの遺伝子を分断したり、ほかの遺伝子が司るプロセスの邪魔をしたりしていないか、そもそも、無事に組み込まれているかすら、確信はもてませんでした。

とはいえ、しっかりしたイメージを得る方法はちゃんとあったので、予

期せぬ結果が起こることもありませんでした。今日、このプロセスを見てみると、驚くほど正確になっています。今もまだ、ゲノム上の所定の場所に狙い通り遺伝子を組み込むことはできませんが、実際にどこに組み込まれたのかは、正確に突き止めることができます。

近頃では、ゲノム配列を解析するのに約1000ドルと1週間しかかかりませんから、導入した遺伝子がゲノム上のどこに配置されているか、正確にマッピングすることができるのです。何の問題もありません。

さらに、大量の二次代謝産物を解析できる高感度メタボロミクス解析（※細胞の活動で生じる代謝物を網羅的に解析すること）を行うこともできます。だから、ターゲットとは別の遺伝子が何らかの影響を受ければ簡単にそれを突き止めることができるのです。つまり、変えるつもりのない遺伝子や生体プロセスに変化や混乱が生じれば、すぐに分かるのです。

遺伝子組み換え作物を巡るこの議論全体を通じて、ゲノムとは動的なものであり、常に変化し、変異し、拡大し続けているものであることを念頭に置いておくことが重要です。自然界でも可動性DNA、ウィルス、そのほかの物質がゲノムの周りにいくらでも存在しています。だから、ゲノムは新たな変化を起こし、種が変化していくのです。自然界にそもそも存在する膨大な分子に比べたら、誘導されたT－DNA（※土壌細菌の一種のアグロバクテリウムが植物に導入するDNA領域。Tはトランスファーで移動の意味）など、満杯のバケツにたらした一滴の水に過ぎません。

要約すれば、ホワイトボード上でアイデアを検討している段階から実際に植物を作成するまで、科学者は、遺伝子がどのようにふるまうか、どこに組み込まれたのか、そして何に影響を与えるのか、よく把握しているのです。その正確さは驚くほどで、そしてさらにどんどん向上しています。生物の変化にまつわる最大の不確実性は、人間が行う遺伝子組み換えではなく、予測ができず、追跡も困難な変化をゲノムに引き起こす、可動性DNAなどの天然の因子なのです。

家族経営の農業生産者、
ブリアン・スコットさんとの一問一答

組み換え作物は保険料の割引がある

──なぜ遺伝子組み換え作物を栽培するのですか。

　遺伝子組み換え作物について、私は、自分の道具箱の中に入れてある道具のひとつであるというふうに考えています。遺伝子組み換え作物は、すべての問題を解決する特効薬ではありませんが、頼りになる道具であることは確かです。うちでは、Bt（害虫抵抗性）やラウンドアップ・レディー（ラウンドアップ除草剤をまいても枯れない性質）といった遺伝形質を導入した品種をかなりの面積にわたり栽培していますが、遺伝子組み換えではない従来型の品種も栽培しています。

　うちで栽培しているダイズは、大半がラウンドアップ・レディーですが、トウモロコシの方は、ほんの一部だけがラウンドアップ対応品種です。ほかにもポップコーンや小麦を栽培していますが、これらの作物の遺伝子組み換え品種は販売されていません。トウモロコシの作付面積の一部には、ワキシー種トウモロコシ（※粒のでんぷんにもち性があり、モチモチした食感が特長。黒や紫などの色の粒もある）を栽培していますが、この種には、通常ラウンドアップ・レディー種を使用していません。

　害虫耐性を持つBtトウモロコシで、かつ種子処理がしてあれば、栽培期間中に害虫駆除を行わなければならない可能性は極めて低いです。その分だけ、畑に余計な機器を持ち込む必要も減るため、土壌が固まるのを防ぐことができます。ひいては、スプリンクラーに水や燃料や殺虫剤を充填することも減り、地球にも、私の財布にも優しいというわけです。

――遺伝子組み換え種子を買った場合の特典や優待などがあるのですか。

　遺伝形質を導入した作物と特定の農薬（除草剤など）をセットで購入することで、割引価格で買えるなどの特典があります。また、作物保険プランでも、バイオテクノロジー種子を使用している場合には保険料の割引が受けられます。この一点だけでも、遺伝子組み換え作物の有効性がお分かりいただけるのではないかと思います。保険会社が進んで保険料の割引をするということは、バイオテクノロジー種子を使用した場合には、作物保険の請求率が減ると保険会社が信じている証でしょう。

――多くの活動家が主張しているように、ひとたび契約書にサインすると、モンサントの奴隷になってしまうのでしょうか。

　私自身は、いかなる種苗会社によっても、何ひとつ不当に縛られてはいませんよ。私は、私が植えたいと思う作物を植え、自分が適切だと思うやり方でそれを管理しています。

　確かに、特許によって保護された種子を買うときには、一定の事項を記した同意書にサインしなければなりません。また、特許の適応がバイオテクノロジーだけに限定されているのかといえば、そうでもありません。しかし、これらの同意書は、巷で言われているほどがんじがらめのものではありません。

　私がこれまでに自分のブログに掲載した記事の中で、最も閲覧回数の多かったのは、私が2011年にモンサントと交わした技術使用許諾同意書の概要を示した記事です。ブログでは、同意書の条項を、自分なりの言葉で分かりやすく解説しましたが、ファイリングキャビネットから引っ張り出した同意書のスキャンコピーもそのまま掲載しました。こうしておけば、誰でも同意書を自分で読んで、確かめることができるでしょう。

　要するに、モンサントから種子を買おうが、パイオニア・ハイブレッド（デュポン系列）から種子を買おうが、次のシーズンもまた同じ会社から種子を買わなければならないといった制約は何ひとつないのです。同じ会社

の除草剤や殺虫剤を使用しなければならないという条項もありません。農業生産者は、種苗会社の奴隷だと信じたければ信じれば良いと思いますが、そういった噂を信じ込んでしまう前に、実際に農家の人と話してみた方が良いと思いますね。

——モンサントから購入する種子を再利用（採種してまた翌年利用）できるようにするべきだと思いますか。そう思わないならその理由も教えてください。

　それは答えるのが難しい質問ですね。私自身について言えば、もしも採種しても良いのなら、トウモロコシではなくダイズの種を取っておくでしょうね。うちで栽培しているトウモロコシは、すべてハイブリッドのトウモロコシだからです。

　ハイブリッドの場合は、種を採種しても、その親である植物個体と必ずしも同じ遺伝形質を持っているわけではないのです。ですから、採種した種子を翌年植えても、どんな形質を持った個体が育つかは、分からないのです。

　しかし、ダイズは自家受粉するので、遺伝的に全く同じ種子ができるのです。でも、もしも、自分の農場で採種して、それを翌年栽培しようと思ったら、苗の病気を防ぐために、その種子を消毒したり、種子処理したりするのに手間とお金をかける必要が出てくるでしょうね。これは、一種の分業、労働の分担だと、現在のところ私はそう理解しています。農業生産者は、作物を高品質・高収量で生産するのが得意です。

　一方の種苗会社は、優れた植物を育種するノウハウと資源を持っています。この2つが組み合わされば、成功する確率が高いと思いませんか。農業生産者には、自分で独自の種子を開発する能力がないと言っているわけではありません。成功している農業生産者は、私が知る限りで最も賢い人たちに数えられます。彼らは、自分でやろうと思えば、ほとんどどんなことだってできるのです。

　また、革新的な新品種を開発して、市場に出すためには、何年もの時間

と何百、何千万ドルという開発費がかかるのですから、大企業であれ中小企業であれ、その品種を開発した会社が、特許制度によって一定期間の儲けを保護してもらう権利は十分にあると思っています。

――遺伝子組み換え作物の種子を巡る議論の中で、活動家らの主張に事実誤認が見られるとしたら、その最たるものは何ですか。

　私はよく、天然の防衛メカニズムを持つ作物、つまり外敵などから自分の身を守るために外敵に毒の化学物質を自分で産生する作物についてどう思うか？　ということを人に尋ねてみるのですが、かなり多くの人たちが、こうした能力を自然に持っている作物があることを実は知らないのです。

　例えば、ライ麦には、雑草の生育を抑制する能力があります。このような特質はアレロパシー（※ある植物が他の植物の生長を抑えたり、他の動物を引き寄せたりする働きを総称して他感作用という）と呼ばれます。また、多くの植物には、除草剤に対する耐性が自然に備わっています。ご自宅の庭の芝のことを考えてみてください。タンポポやそのほかの雑草を殺すために２、４－Ｄ（除草剤）をお宅の庭に散布しても、芝が痛むことはありません。トウモロコシや小麦も芝の親戚ですが、この仲間は、もともと２、４-Ｄに対して自然の耐性があるのです。

　バイオテクノロジーによって、植物が全く新しい能力を獲得したかのように見えますが、実は自然にそもそも備わっていた性質を真似しているだけなのです。

　よく、販売されている遺伝子組み換え種子は、あらかじめ除草剤のグリホサートに浸してあるのだと言う人がいますが、どこからそんな考えが出てくるのかよく分かりません。グリホサートは、ラウンドアップの有効成分ですが、種子が除草剤に浸してあるなどということはありません。もしかすると、除草剤と殺虫剤とを混同して、Bt（害虫抵抗性の遺伝形質）とラウンドアップ（除草剤）が同じものだと思っているのかもしれません。Btは、アワノメイガなどの害虫からトウモロコシやワタなどの作物を守ってくれ

る形質です。

　もうひとつ、よく耳にする誤認として、2012年の干ばつ時に、遺伝子組み換え作物は役に立たなかったという話があります。あの年は、1988年以来の大干ばつ、1930年代のダストボウル（砂嵐）にも匹敵すると言われるほどだったのですから、通常の年と同じだけの収量を期待する方がおかしいのです。

　しかも、遺伝子組み換え作物と言っても、害虫抵抗性や特定の除草剤に対する耐性を持った作物でしかなく、必ずしも干ばつに強いわけではありません。2012年当時はまだ、乾燥に強い乾燥耐性のトウモロコシ品種は市場に広く出回っていませんでした。

　私は、パイオニア・ハイブレッド社の開発した乾燥耐性トウモロコシを試験農場で栽培したことがありますが、この品種は、試験場の中でも群を抜いて優れていましたよ。乾燥耐性のあるトウモロコシ品種は、あと1～2年で広く普及すると思います。

　乾燥耐性や水利用効率性に優れた品種の導入によって、大量の灌漑用水が必要なグレートプレーンズ（中西部の穀倉地帯）の農業を一変させる可能性があります。

　もう一点付け加えるなら、現在、乾燥耐性品種として販売されているトウモロコシの品種は、モンサント社の製品を除き、すべて、従来型の育種技術により開発された品種です。モンサント社の乾燥耐性トウモロコシだけが、遺伝子組み換え技術を用いた品種です。

　農業生産者は、実際の畑仕事を始める数カ月前から、どのように作付けし、管理しようかと計画を立てます。そして、その計画が成功するか否かを最終的に決定する要因は、天候であることを私たちは皆、理解しています。農業を営み、作物を管理するにあたって検討しなければならない変動要因は、それこそ無数にありますが、その中でも自分では一切コントロールできないのが天候です。雨が降りすぎるかもしれないし、降水量が不足するかもしれません。作物の成長に最適な気温になるかもしれないし、暑

すぎたり寒すぎたりすることもあります。

　農家は、種子の持つ最大限の力を引き出すためにできる限りのことをしますが、結局のところ、収量を最終的に決定するのは、大部分が自然の力なのです。

　――遺伝子組み換え作物をご自分の農場で使用する上で、実際的な欠点は何かありますか。

　私の見るところ、バイオテクノロジーのマイナス面は、いわゆる"ただ乗り"しようとする人、義務を果たさない人がいることです。技術の恩恵にあずかるためには、適切に、使用条件を守って技術を使用する必要があります。

　例えば、指導されたとおり、"害虫の避難所"（抵抗性害虫の出現を抑制するために、害虫抵抗性を生じさせない非組み換え作物を一定の面積に植えること）を設けない人がいます。近隣の農家がみな、避難所をつくっているだろうから、自分ひとりくらい、やらなくても大丈夫だろうと勝手に考えて、Bt形質を導入した遺伝子組み換え作物ばかりを全面積に植えている農家が地域に一軒でもあれば、その人のせいで、その地域の昆虫にはBt抵抗性害虫を生み出す淘汰圧が余計に加わることになります。

　この問題への対処として、種苗会社は"避難所込み"の種子製品の承認を得ています。ガイドラインに沿って一定量の非Bt品種を農家に植え付けてもらう代わりに、農家が購入するBt導入品種の種の袋の中に、最初から一定割合の非Bt品種の種を混ぜて販売するのです。

　政府が介入する前に、業界自身が、こうやって問題解決を図ることは大変良いことだと思います。

　ほかに似たような問題として、作用機序の異なる除草剤を交代で使用するという注意事項を守らない農家がいることがあげられます。毎年毎年、グリホサートばかりを繰り返し使い続けるわけにはいかないのです。最初から複数の作用機序を組み合わせた除草剤（例えば、ダウ・ケミカル社のエン

リストやモンサント社のラウンドアップ・レディー・エクステンドなど）が発売されなかったのが残念です。これらの製品は、じきに発売が予定されており、きっと素晴らしい製品となるでしょう。

──**農業生産者として常に気を付けておかなければならない理論的な欠点あるいは短所がありますか。**

　農業技術の基本を忘れないようにするだけです。バイオテクノロジーは農業の持続可能性を高めてくれます。しかし、だからと言って、管理計画が重要でなくなるわけでは決してありません。

　除草剤のグリホサートをまいても枯れないラウンドアップ・レディーは、発売当初も今も素晴らしい技術であることに変わりはありませんが、一部の人にとっては、余りにも素晴らしすぎる技術だったのかもしれません。農業の基本に戻り、作物だけでなく、殺虫剤なども、同じものの連続使用を避け、異なる種類のものを順繰りに使い回していくことを農業生産者に勧める出版物を、業界が自ら率先して発行していることをうれしく思います。

　今から10年後には、作物の連作障害や過剰作付けへの新たな関心が高まり、主要な課題になっているだろうことが、容易に想像できます。農薬は、素晴らしい道具であり、安全に使用できることも繰り返し証明されてきましたが、しかし、害虫や雑草や植物の病気を防除する方法には、多くの選択肢があることを再び思い出す必要があるのではないでしょうか。考えられるすべての方法について適切な実践手法を確立すれば、すべての農場をより良いものにしていくことができはずです。

バイオテクノロジー企業の経営者、ニール・カーター氏との一問一答

廃棄量を減らす組み換えリンゴ

――何がきっかけで、褐変しないリンゴを遺伝子組み換えでつくろうと考えたのですか。なぜ、交配ではなく遺伝子組み換えでつくろうと？

　バイオテクノロジーを応用したリンゴをつくろうと思ったのも、現在開発中のほかのすべてのプロジェクトも、動機はひとつです。果物に付加価値をもたらす形質を導入して、果樹産業界を盛り立てたかったからです。その中から、褐変しない、つまり切っても茶色く変色しない組み換えリンゴを主力プロジェクトに選んだのには、いくつかの理由があります。

　主な理由のひとつに、リンゴの消費量がここ20年間で横ばいまたは減少と、振るわなかったことがあげられます。褐変しないリンゴをつくることができれば、リンゴの消費を回復させるきっかけ、すなわち消費の引き金になります。さらに、サプライチェーン全体を通して食品廃棄物を減らす上でも役立つと確信したからです。

　このプロジェクトを後押しするもうひとつの重要な動機は、便利さを追求し続ける需要の増加です。アークティック・リンゴ（※2015年2月、米国農務省が承認。2016年から市場に登場する可能性がある）は、果物をあらかじめカットした状態で提供するカット・フルーツ市場に最適な品種です。通常のリンゴだと、褐変の問題があるため、無駄が多く、コストがかかる市場セグメントです。こうした市場における消費の引き金について説明する上で、よく引き合いに出すのが、食べるのにとても便利なベビーキャロットの登場によりニンジンの消費が増えた例です。ベビーキャロットは、今では、米国におけるニンジン販売高の3分の2を占めるに至っているのです

よ。
　では、この目標を達成するのに、なぜバイオテクノロジーを選んだのかというと、バイオテクノロジーを使えば、比較的小さな変化であれば、安全かつ比較的短期間に、しかも正確に作物の形質を変えることができることを知っていたからです。
　たった4つの遺伝子の発現を防ぐだけで、切っても褐変しないリンゴをつくることができるのです。4つの遺伝子とは、褐変を引き起こす酵素であるポリフェノール・オキシダーゼをつくる遺伝子のことです。ほかのリンゴの遺伝子を利用して、この酵素の産生を抑えます。新たな種類のタンパク質を産生させることもありません。これを従来型の育種法で実現しようとすれば、下手をすると何十年もの歳月がかかりますし、それだけの時間をかけたところで成功する保証もありません。

──組み換えリンゴは、食品市場にどのようなメリットをもたらしますか。この新品種がもたらす効果について予測する定量的な研究は行われていますか。
　低迷するリンゴ消費の活性化に加え、まだまだ伸びしろの大きいカット・フルーツや食品サービス市場での利用など、アークティック・リンゴの登場により、サプライチェーン全体を通してさまざまな効果がもたらされると期待されています。
　生産農家や包装業者にとっても、褐変しないリンゴは福音となるはずです。表面に付いたほんの小さな傷や、指跡、箱にこすれた傷などのせいで、売り物にならなくなってしまう膨大なリンゴの数を大幅に減らすことができるからです。
　今日生産されている食料のうち、驚くほどの量が、純粋に見た目だけの問題のために廃棄されているのです。さらに、このリンゴの持つ非褐変形質には、収縮防止や魅力的な商品ディスプレイの実現という面でもメリットが期待されており、小売業者にとっても大いに役立ちます。さらに、このリンゴを使った、さまざまな新しい付加価値製品の開発も可能になるで

しょう。

　消費者も自宅で捨ててしまう果物の量をグッと減らすことができるはずです。食料品店から買って帰る途中で、また、子どもの弁当箱の中で、変色してしまうリンゴがどれだけあることでしょう。私たちの最終的な目標は、消費者に役立つことです。とりわけ子供たちの健康的な食生活を応援するとともに、無駄にしてしまう食品を減らすことです。

　昨年、小学2年生を教えていらっしゃるある先生から、褐変しないリンゴの登場を待ち望んでいらっしゃるとのお手紙を頂きました。というのも、彼女の教え子たちが、ほんのちょっと変色しているだけで、あとは何ともないリンゴやリンゴのスライスをどんどん捨ててしまうのを見て、心を痛めていたのだそうです。消費者が経験できるほかのメリットとしては、カットしても変色しないリンゴを、新しいお料理のアイデアに生かしていただけるという楽しみ方もあります。

　さて、これらの効果を定量化したエビデンスはあるのか、という点ですが、近年、食品廃棄物が、大きな問題となっています。国連食糧農業機関が発表した最新の推定値によると、生産されている食料の約3分の1が無駄になっているそうです。果物だけに限れば、廃棄される比率はさらに高く、生産されたうちの半分が、結局誰の口にも入らずに捨てられてしまっているのです。

　消費の引き金を生み出す可能性について言えば、これまでにも、農業生産において果物をもっと便利にするための工夫を行ってきた例は多く、とりわけ食品サービス業にとっての利便性を実現することによって、いかに消費が押し上げられるかを物語る事例には事欠きません。先ほども、ベビーキャロットが、今ではニンジン販売高の3分の2を占めていること、また、果物や野菜の消費トレンドを取り上げたレポートの多くが利便性を主要なファクターとして強調していることは、お話しましたよね。「予測可能な安定した高品質と利便性と多様性の追求」が現在最も顕著な消費トレンドです。アークティック・リンゴは、これらの要件のすべてを満たして

います。

　リンゴに関する具体的な取り組みについて見てみましょう。これまでにも、さまざまな化学的処理を行うことによって褐変を遅らせたり、従来的な育種法によって褐変しづらい品種を開発したり、といった試みが注目を集めてきました。とはいえ、これらの方法は、真に褐変しない品種をつくり出すこととは、本質的に違っているのですが……。

　例えば、2009年に『食品工学』誌（Journal of Food Engineering）に発表された研究は、「消費者は新鮮で、便利で、栄養豊かなスナックを求めており、カットした生のリンゴの販売高は、今後も伸び続けると予測される」と論じています。

　一方で「品質の劣化という問題に業界は阻まれている」「カットしたリンゴの表面が茶色く変色する酵素的褐変により、外観が損なわれるだけでなく、味や栄養の面でも望ましくない変化が起こるためである」と指摘しています。ここでもやはり、アークティック・リンゴによって、これらの問題を克服することができます。

　最後に、非褐変形質によって多大なる価値がもたらされることを示す、最も説得力のあるエビデンスを紹介しましょう。何より、リンゴ生産者や消費者自身が、そう証言しているのです。2006〜2007年、リンゴ産業の重要人物に対し調査を行った結果、76％が、アークティック・リンゴに興味があると答えたのです。

　また、消費者を抽出してフォーカスグループ調査を行ったところ、80％以上の人がアークティック・リンゴに肯定的な興味を示し、参加者の100％が、食べてみたいと回答しました。さらに明るい展望を示したのが2011年に行った、リンゴ好きを自称する消費者1000人を対象に行った調査です。アークティック・リンゴに関する科学的事実を知れば知るほど、これらの消費者がこの製品を買う可能性が高まっていったという調査結果が得られました。

——アークティック・リンゴが、ほかのリンゴと同じくらい安全であることを立証するための研究や試験は、どのくらい実施されたのですか。それらの研究は査読を受けていますか。査読を担当したのは誰ですか。

　具体的な事実に入る前に、どれほど厳密な研究を行ったかということをお話ししておきたいと思います。私どものような、リソースに限りがある小さな企業にとっては、本当に大変なことでした。

　私どもにとって、はじめてのプロジェクトであるアークティック・リンゴは、当社設立から17年、技術を立証し、当該品種の栽培を開始してから10年以上たった今も、まだ商品化にこぎつけていません（※2015年2月、米国農務省が承認）。つまり、実際にアークティック・リンゴの木が育ち、従来型品種と同様に現実世界の害虫や病気などの脅威にさらされながらも、これに打ち勝って、花を咲かせ、実を付けるさまを私たちは10年間も見守ってきたのです。

　この間に、無数の試験を行ってきました。アークティック・リンゴは、おそらく、果物史上いまだかつてないくらい多くの試験を受けた果物となりました。試験の種類があまりに多すぎて、ここですべてを説明することは不可能ですが、米国農務省のウェブサイトで公開されている、私どもが提出した163ページにわたる請願書に試験の詳細が掲載していますので、興味のある方は是非ご一読ください。

　その中の重要なものをかいつまんで紹介しますと、以下の通りです。

▼害虫に対し、ほかのリンゴ果樹と異なった反応を示さないかどうか、第三者の園芸コンサルタントが、アークティック・リンゴの詳細なモニタリングを実施。
▼果樹の成長速度、着果数などの農学データを第三者専門家が記録。
▼花粉の飛散および他家受粉の可能性に関してモニタリングを行う実験を実施。その結果は2点の査読付き研究論文として発表された。
▼成熟した果実の栄養および組成を分析し、対照品種と同等であることを確認。

▼新規のタンパク質が含まれていないかどうか試験を行い、新規のタンパク質は存在しないことを確認。

　これらの試験は、第三者や社内の研究グループを含め、複数の定評のある組織や個人によって実施されました。農場試験では、独立の園芸コンサルタントや総合的病害虫管理の専門家がつぶさにモニタリングを行い、データを収集しました。

　こうした試験結果のうち、特に重要なのは、アークティックの果実に、ほかのリンゴに見られないタンパク質は存在しないという点です。このことは、つまり、消費者に影響を与えるような新たな物質は、このリンゴに含まれていないことを示しています。

　私たちは、リンゴの褐変を引き起こす遺伝子を抑制しただけで、新たな形質を導入したわけではなかったので、この点は予想通りでした。この時用いた試験方法は、100～250トンの石炭運搬用貨車の中から1ペニー硬貨を検出できるほど、精度の高いものであり、アークティック・リンゴは安全であることを確信しています。間もなく米国食品医薬品局（FDA）の承認も下りることでしょう。

　では、これほど広範な試験を行って、何が分かったというのでしょう。まさしく、私たちが予想していた通りの結果が得られ、予想が裏付けられたのです。アークティック・リンゴは、ほかの従来型のリンゴ品種とほとんど同じだと言うことです。このリンゴを一口かじったり、切ったり、傷をつけたりしたときに、その真価が分かるでしょう。

――御社がバイオテクノロジー企業だということに関連して、人々から受ける誤解や非難などがありますか。誤解があるとしたら、それが、どのように誤った認識なのか、全体像とずれているのかといった点を説明していただけますか。

　たくさんあります。バイオテクノロジー食品全般に関する誤解が無数にあるように、私どもの会社やアークティック・リンゴにまつわる迷信じみた話もたくさんありますよ。実際、当社が主催するブログで最も読まれた

記事は「アークティック果樹園と果実についてのよくある誤解について」というタイトルでした。

　私たちは、その記事をはじめ、当社のウェブサイトに詳細な情報を掲載し、読者に事実をご理解いただけるよう努力していますが、アークティック・リンゴに関する最もよくある誤解は以下の通りです。

〈誤解1〉アークティック・リンゴは、ほかの果樹園のリンゴと他家受粉してしまい、その結果、有機栽培を行っている果樹園の有機栽培認証が取り消されてしまう。
〈私の見方〉意図的ではない、不慮の受粉によって有機栽培認証を取り消された作物はこれまでひとつもありません。もしも、アークティックの花から飛んできた花粉が、有機栽培リンゴや従来型品種のリンゴの花に受粉したとしても、その結果成長する果実は、花粉を飛ばした方のリンゴではなく、母花の方と同じリンゴになります。加えて、他家受粉が起きないように、緩衝用の果樹を周囲に植えたり、ハチの巣箱を設置したり、ほかの果樹園との距離に制約を設けたりなど、さまざまな管理手法を実施しています。

〈誤解2〉アークティック・リンゴは褐変しないので、古いリンゴや傷のあるリンゴでも、見分けがつかなくなってしまう。
〈私の見方〉この点については、逆もまた真なりです。つまり、アークティック・リンゴは、酵素褐変（ほんの些細な傷がついた細胞が空気に触れるだけで起こります）を起こさないものの、菌類や細菌による分解もしくは腐敗は、ほかのリンゴと同じように起こります。従って、表面的な些細な傷は目に見えないが、真の品質に変化が生じれば、それはちゃんと外観に表れるということを意味します。

　ほかにも、バイオテクノロジー食品にすべからく反対する一部の人々か

らしばしば聞かれる非難に「将来的にどんな影響が出てくるか分かったものではない」とか「母なる自然（または神）の領域に踏み込んでいる」などの主張があります。

しかし（前者の主張に対し指摘させていただくなら）、現在私たちが手にしている科学ツールは本当に驚くべき性能を有しており、バイオテクノロジー作物の開発に当たっても、いまだかつてないレベルの精度、制御性、分析能を活用することができます。新たな作物は、細心の注意を払って試験を行わなければ承認は得られません。

これまでに、バイオテクノロジー食品を原材料に含む3兆食の食事が消費されているのに、健康被害はいまだに1件も報告されていません。他方、神や自然の領域云々については、バイオテクノロジーを適用した品種改良は、人類が歩んできた作物改良の長い歴史の中のひとつの進歩に過ぎません。アーミッシュの人たちやバチカンですら、これらの技術を支持しているのですよ。

——業界人として、バイオテクノロジー産業の展望や進行中のプロジェクトなどについてよくご存知ですよね。バイオテクノロジーの未来はどうなっていくとお考えですか。どんな新しい品種が発売され、どんなメリットやデメリットをもたらすのでしょうか。

過去17年間そうであったように、バイオテクノロジー技術は、農業の歴史の中で最も急速に採用され、拡大し続けるだろうと思います。また、15年に及ぶ長期研究により、バイオテクノロジー作物の登場が実現した効果として、途上国を中心に農業生産者の純利益が982億ドル増加、殺虫剤の使用量が4億7400万キログラム減少、さらに、年間の温室効果ガス排出量が1020万台の自動車に匹敵する分量、減少したことなどがあげられています。

これらのメリットも、今後とも継続してゆくだろうと予想します。特に、さらなる進歩が見込まれる2つの分野は、環境の持続可能性（殺虫剤使用量

や炭素排出量、食品廃棄量の減少）および害虫抵抗性や乾燥耐性などの形質によって実現される悪条件下での作物収量の増大です。

さらに、これからますます増えると考えられるのが、栄養面などで消費者にとって直接メリットのあるバイオテクノロジー食品です。

例えば、ビタミンA前駆体であるベータカロチンを強化したゴールデンライスなどに続き、今後多くの栄養強化作物の開発プロジェクトが実施されるでしょう。世界保健機関（WHO）は、世界中で約2億5000万人に上る5歳未満の子供たちが、ビタミンA欠乏症に苦しんでいると発表しています。ビタミンA欠乏症は、失明や死に至ることもある恐ろしい病気です。対策として開発されたゴールデンライスなどのバイオテクノロジー作物によって、何百万人という人々の命を救うことができるかもしれないのです。

ほかにもバナナやキャッサバなど、ビタミンA強化作物を開発する取り組みが開始されています。

これは、ほんの氷山の一角に過ぎません。ほかにも、ほかの栄養を強化したキャッサバや各種の乾燥耐性作物、病気抵抗性のジャガイモなど、数々の画期的な開発が続々と着手されています。私は、2012年10月に行った講演で、これらの作物を取り上げて、農業バイオテクノロジーの価値について語りました。この動画は、インターネットでご覧いただけます。

――モンサントやデュポンなどの巨大バイオ企業に対して激しい反発の嵐が吹き荒れていますが、バイオテクノロジー企業として、こうした批判の矢面に立たされたことはありますか。

バイオテクノロジー作物を開発するすべての企業が、少数派ではありますが、バイオテクノロジーに反対して、感情的になっている人たちからの反発に、多かれ少なかれ直面しなければなりません。

私どもはかなりユニークな立場にあります。バイオテクノロジー企業といった時に、消費者が最初に思いつく名前は、あなたがおっしゃったよう

に、決まってモンサントやデュポンなどの巨大企業であり、私どものような小さな会社の名前を挙げる人はほとんどいません。

　例えば、モンサントなどは、約2万2000名の従業員を抱えています。うちの従業員数は7人です。この業界の企業には、かなり大規模な会社が多く、当然ながら、大会社は大会社たるにふさわしい注目を集めることになります。そうは言っても、メディアから受ける注目を会社の規模に比して測るとすれば、私どもは、身に余る注目に浴していると言わざるを得ないでしょう。

　弱小企業である私たちが、身の丈に合わない注目を集めているとすれば、その理由は、私どもが扱っているのが、リンゴだからです。リンゴほど、広く愛され、かつ象徴的な製品も少ないのではないでしょうか（例えば「1日1個のリンゴで医者知らず」「アップルパイのようにアメリカ的」などの慣用表現があるほど）。

　このような象徴的な品物に対する人々の反応は、どうしても感情面を抜きにして語れないのです。私たちがリンゴに行った遺伝的改変は、世界中で栽培されている多くの遺伝子組み換え作物と比べて、比較的小さな改変です。それなのに、当社が米国で承認申請を出願した際に、ほかの9種の遺伝子組み換え作物と並行してパブリックコメントの公募が行われたのですが、私どもの申請に対しては、ほかの9つの品種すべてを合わせたよりも3倍も多い意見が寄せられたのです。

　これほどの注目を集めることに対して、どのような反応を取るかについては、ある程度自分たちで決定することができます。単に無視してしまうこともできるでしょう。試験や審査のプロセスは、科学的エビデンスに基づいたものであり、科学的事実によってしか左右されませんから、人が何を言おうと黙してやり過ごすこともできます。

　しかし、私どもは、そうはいたしません。私どもは、このリンゴがもたらすメリットやその安全性について自信がありすぎて、黙っていることなどできないのです。正確でエビデンスに基づいた情報を伝え、多くのつく

り話や誤った情報がまかり通ってしまわないように力を尽くしたいのです。そのためには、消費者への教育に他社よりも多くの時間とリソースを注ぐことになるかもしれませんが、これは非常に重要な問題だと認識していますので、そうしないわけにはいかないのです。

　私たちは、透明性を私どものアイデンティティーの中心に据えることを誓い、力を合わせてそのための努力を行ってきました。当社の製品が、安全で、有益な製品であることを確信していますし、喜んで、誤解を解くために真実を説明いたします。どんなに忙しかろうと、ツイッターやフェイスブック、リンクドインなどでの情報発信を絶やさず、ブログを毎週アップし、サイトも迅速に更新、誠意ある電子メールであれば一本残らず返信し、昨年の講演のようにプレゼンテーションをする機会を積極的に開拓します。こうした活動を、私たちは、非常に重視しています。科学や農業に携わる者はすべて、バイオテクノロジーにまつわる事実について人々を教育する責任を有していると考えます。そういう努力を行うことによって、かえって反発を招くこともありますが、それでもやるだけの意義はあるのです。

——科学者の中には、遺伝子組み換え作物に対する世間の反感が、市場におけるモンサントの立場をかえって強化する結果を招いたと話す人もいます。モンサントのような巨大企業でなければ、現行の厳しい規制要件を突破できるだけの資力を持たないからです。この点については、ご自身の経験上、本当だと思われますか。そのせいで、バイオテクノロジーの分野全般にどのような影響があるとお考えですか。

　そうですね、承認審査のプロセスがどれほど厳密であり、業界大手に比べて私どもがいかに小さいかも、先ほどお話ししましたが、おっしゃる通り、私たちのような小さな企業が、バイオテクノロジー作物を上市するのは、なかなか大変なことです。資金を集め、必要なデータをそろえ、公衆への教育や啓発にも資源を費やさなければなりません。その上、全体とし

てリスクが非常に高いのです。

　小企業にとって、規制を突破するのが大きな負担になるのは確かです。一方で、弱小企業でもそれが可能であることを、私たちは身をもって示すことができたと思っています。簡単ではないですが。

　素晴らしい製品の開発に成功しなければならないだけでなく、目標を見失わず、粘り強く、非常に忍耐強くなければなりません。審査プロセスを急がせることはできないのです。アークティック品種を生み出し、実際に植えてから10年たった現在、やっと今年の後半には、米国で発売の承認が下りると見込んでいます。

　小企業であっても、バイオテクノロジー作物を商品化することは可能だと立証する役に立てたと思いますが、やはり規制の壁は高く、業界全体に影響を与えていることは否めません。時間および資源の両面で必要な先行投資がこれほど大きいと、腰が引けてしまうのも仕方ありません。挑戦する小企業や起業家も、どうしても少なくなってしまうでしょう。できる限りの技術革新を活用すべき分野であるにもかかわらず、規制の壁をこれほど高く設定しているために、革新的な企業の参入や付加価値製品の誕生が阻まれているのです。

　結局のところ、規制プロセスが大きな障壁であることは事実ですが、でも、規制は厳しくあるべきなのです。実際に、多国籍企業じゃなくても、商品化までこぎつけることができるのですから。願わくは、バイオテクノロジー作物の利用が拡大し、安全性や有益性を示す証拠がどんどん積み重ねられていけば、また、科学ツールの性能もさらに向上していけば、規制障壁も、次第にさほど高いものではなくなっていくでしょう。

――最後に、政府や政府機関との関係についてお聞かせください。米国食品医薬品局（FDA）などの政府機関は、巨大バイオ企業の手先であり、これらの企業に都合の悪いことには目をつぶってしまうのだと言う人がいますが、本当なのでしょうか。真実でないとしたら、なぜそうでないと言い切れるのでしょうか。

過去数年間に私たちが対応しなければならなかった多くの規制機関（米国農務省、米国動植物衛生検査部、米国食品医薬品局、カナダ食品検査庁）の特徴を一言で表現するなら、まさしく「徹底的」という感じでしょうか。とても、目をつぶってくれるとか、見逃してくれるなどという感じではありません。

　これらの政府機関が、バイオ企業の手先であるなら、アークティック・リンゴを最初に開発してから10年たっても、まだ承認が下りるのを待っているわけないじゃないですか！

　これらの政府機関で働いている人の中に、かつてバイオ企業に勤めていた人が何人かいるのを知ると、とたんに、このシステム全体に不信感を抱く人もいるようです。でも、それは見当違いです。かつて業界で働いていた人が混ざっていて当然なのです。巨大バイオ企業には、何千人という従業員がいるのですよ。その多くが、高い学歴を持ち、農業分野の多様な技術側面に実際に関わってきた豊富な経験を有しています。

　実際、ほとんどの分野で、民間部門と規制を行う公的部門との間で人的な行き来があるものです。就労年齢にある人々の多くは、何度も転職して50歳になるまでに少なくとも10種類の仕事に就くと言われています。だから、民間と規制セクターで多少の重複があるのは避けられないことなのです。

　バイオテクノロジー作物が嫌いな人たちは、ありとあらゆることを取り上げては批判します。これもそのひとつであるというに過ぎません。幸いなことに、バイオテクノロジー作物が安全かつ有益であることを示す証拠は、十分すぎるほどあります。査読付き研究報告だけで600点以上発表されており、うち3分の1は、企業の資金によらない独立の研究です。

　私たちが消費者に言えるのは、どうぞご自分で調べてみてくださいということです。ただし、執筆者の学歴・経歴や情報源の信頼性については、十分にご注意あれとだけ言っておきましょう。

3章

人間の進化と遺伝子の移動

遺伝子組み換え作物を栽培する理由

ジェイク・ラーギュー
農業生産者

査読付きジャーナルで判断しよう

　あなたは遺伝子組み換え作物について、どう思いますか？
　今日、世界のこの地域で、この問題ほど、議論が感情的なものになってしまっている話題がほかにあるだろうか。確かに、私たちが口にする食品のことなので、消費者と生産者の両方にとって関心の高い話題であることは理解できる。消費者は、自分たちが口にする食品について学ぶことに熱心になってきた。食品がどうやって生産されているのか、持続可能な方法で生産されているのかを知りたがっている。
　結局のところ、消費者が最も知りたいこと、最も重視している点は、食品が安全かどうかだ。こうした人々にとっては、遺伝子組み換えのようなよく分からない要因が関わってくること自体が、不安を呼び起こすことになる。長期的な影響がすぐには分からないためである。
　私は、このような非常に重要な問題に着目し、疑問を投げかける人々に対し、敬意と称賛を惜しまない。余りにも多くの人々が、政府や企業やそのほかの組織で行われていることに対して、無関心過ぎると思う。一般の人々が疑問を持ったり、疑問を投げかけたりすることが問題なのではない。見当はずれな間違った質問を、間違った相手や情報源に尋ねていることが問題なのだ。しかも、返ってくる返答を疑いもせずに鵜呑みにしていることが問題なのだ。
　私は農業生産者で、遺伝子組み換え作物を栽培している。栽培している作物のすべてが遺伝子組み換え品種というわけではない。実際のところ、普通は、5～7種類の作物の輪作を行っており、うち2種類が遺伝子組み換え作物である。カノーラ（西洋ナタネ）とダイズは、私の農場において経

済的に最も重要なふたつの作物であるが、これらが遺伝子組み換え作物だ。
　小麦やエンドウ、亜麻は遺伝子組み換え作物ではないが、これらの作物は単に遺伝子組み換え作物が市販されていないためである。よく聞く噂とは異なり、私は、遺伝子組み換え作物でも、そうでない作物でも、自分の好きな種子を自分で選んで購入することができる。
　では、作物には非常に多くの選択肢があるのに、なぜ、遺伝子組み換え作物を選んで栽培するのか。
　良い質問だが、答えは、農場によってさまざまであろう。
　私の農場では、カノーラとダイズは、最も新しく導入した作物である。カナダ西部では、農業が始まってこのかた、ずっと小麦を栽培し続けてきた。亜麻やエンドウも、同様に、昔から栽培されている作物だ。私たちの農場でカノーラを本格的に栽培するようになったのは、わずか15年ほど前からのことである。ダイズは、ほんの3年ほど前に栽培を始めたばかりだ。
　昔ながらの自然な受粉によるカノーラや在来種のダイズ（これらは遺伝子組み換え作物ではない）を栽培することもできると思う。しかし、果たして、そうしようという気になるだろうか。一部の消費者から、遺伝子組み換え作物は有害だという主張を聞く。その伝でいけば、私は、危険な作物を栽培し、他人を危険にさらしているような、残酷な、あるいは、認識の甘い人間だということになる。
　しかし、ここで遺伝子組み換え作物を嫌う人たちに尋ねたい。私が安全ではないと考えている作物を自分で栽培していると、本気で思うのですかと。私の家族は、我が家で栽培した食品を食べている。遺伝子組み換え作物が有害だと私が思っているなら、自分の家族を危険にさらすことになる。そんな危ないことをするわけがない。
　正直に言って、遺伝子組み換え作物が有害だとは、私はこれっぽっちも信じていない。遺伝子組み換え作物は危険ではない。モンサントがトウモロコシやダイズ、カノーラの遺伝子組み換えを開始してから約20年にな

るが、その間、遺伝子組み換えのメリットがリスクをはるかに上回っているという証拠が次々と明らかになってきた。

　これは、見方の偏った業界の代表者の意見ではない。査読付きジャーナルに掲載された論文を自分で読んで得た情報である。科学に関して確かな情報が欲しいと思えば、定評ある査読付きジャーナルに勝る情報源はない。遺伝子組み換え作物は、雑草防除に用いる、最も危険で揮発性の高い農薬の使用量を劇的に減少させる上でも役立っている。

　私たちが扱う遺伝子組み換え植物の大半は、ラウンドアップ・レディーと呼ばれ、ラウンドアップ（除草剤）の有効成分であるグリホサートをまいても枯れないことを意味している。

　グリホサートなどの化学物質の毒性測定にはLD50（半数致死量）という値を用いる。この値は、一度に全量を投与したときに試験動物の半分が死亡する化学物質の量を指す。ラットがグリホサートを経口摂取した場合の急性毒性は弱く、LD50値は体重1キロあたり5000ミリグラム（5グラム）を上回る。つまり、体重3キロのラットがいるとしたら、15グラム以上を摂取しなければ、グリホサートが急性的な毒作用を示すことはない。これは、相当な量である。

　ちなみに、カフェインのLD50値は、192ミリグラムである。あなたは1日に何杯のコーヒーを飲みますか……。つまり、ある物質が毒になるかどうかを決定するは、その摂取量なのだ。どんな化学物質でも、摂りすぎれば、毒となりうるのである。

　今日の農場経営は、複雑なビジネスである。毎年、それぞれの作物に関する数字データを一通り検討して、その上で、どの作物を、何エーカー栽培するのかを決定する。カノーラとダイズ、特にカノーラは、選択肢の中でも、収益性の高い作物である。そう、農場にとっての収益を生むからこそ、これらの遺伝子組み換え作物を栽培するのである。

　では、カノーラとダイズの栽培で、お金持ちになれるのか。そうなら良いと思うが、今のところは、農場経営を何とか成り立たせる程度の収益し

かもたらさない。頑張っていれば、いつか、少しずつでも裕福になれるのではないかと希望を抱いている。誰だって皆、そう夢見ているのではないのだろうか。

　私がなぜ、遺伝子組み換え作物を栽培するのかという質問を突き詰めていくと、最終的には、私自身がそう選択するからだという答えになる。民主的な社会において、私たち全員に保証されている基本的自由、すなわち選択の自由を行使した結果だ。遺伝子組み換え作物を栽培するか否かは、私の選択である。

　同様に、もしあなたが遺伝子組み換え作物をよしとしないのであれば、何か別のものを購入するのは、あなたの選択である。しかし、そのような選択をすることで、自分では意図しない結果を招く可能性もあることを覚えておいて欲しい。

　遺伝子組み換え作物であれば、毒性の弱い殺虫剤を少量使用するだけで栽培できる。さらに、これらの遺伝子組み換え品種の驚くべき生物学的進歩により、前例のない高収量を実現できる。急増するこの世界の人口を養うため、私たちは2050年までには、食料生産をさらに70％増加させる必要がある。これを達成するためには、利用できるあらゆる手段を駆使する必要があるだろう。

　私の農場では、遺伝子組み換え作物を栽培している。私は、誇りを持って、そう言う。遺伝子組み換え作物は、安全で持続可能な作物であり、私たちには、それを栽培するという選択の権利がある。次に誰かから「遺伝子組み換え作物について、どう思いますか」とたずねられたときに、私の言ったことを思い出して欲しい。

遺伝子組み換え作物を知る

マイク・ベンジーラ
大学教師

疑似科学を見抜く目を養おう

　私は、ここ数年の間に、有機農業と遺伝子組み換え作物の問題について、自分が間違っていたことを知った。

　遺伝子組み換え作物を巡る諸事実について私が評価を下すにあたっての問題は、このテーマ全体が、どうにも私には難しすぎて理解できないということである。そこで、問題は、いったい誰に教えを乞えば良いのか、ということになってくる。私は、かつて有機栽培による園芸を趣味としていて、有機農法の農場でも働いたことがある。その時は、農場全体に溢れる正統的な雰囲気が心地良く、あまり深く考えはしなかった。私が働いていた農場の売りは「合成殺虫剤も、遺伝子組み換え技術も、一切不使用！」ということだった。もちろん、このようにうたっているからには、農場も、有機認証をしてくれる州政府機関も、確固たる根拠に基づいて言っているのだと思っていた。

　しかし、ある2つの出来事が重なって、私はこの愚かな状態から目を覚ますことができた。そのひとつ目の出来事とは、私が非常に尊敬している『懐疑論者の辞典』(Skeptics Dictionary)のボブ・キャロル氏と、彼が書いた「有機食品と有機農業」(organic food/farming) と題する記事について、インターネット上で議論をする機会に恵まれたことである。

　2つ目の出来事は、有機農場で働くために殺虫剤散布者向け研修を受けさせられたことである。

　この研修を受けながら、さすがの私も豆粒みたいな脳みそで考えた。「私は、州の有機農法センターで"有機"殺虫剤を合法的かつ安全に散布する

方法について研修を受けている。だけど、非有機農法である普通の農業をやっているやつらと同じルールに従わなければならないなんて、いったい、どこに違いがあるんだ？」と。

今では、私は殺虫剤散布者の免許を取ったので、殺虫剤の問題についてはちょっとだけ語ることができる。殺虫剤に対する私の考え方は180度変わった（殺虫剤は、われわれを手助けしてくれる良き友だ）。殺虫剤に関して私が経験したことから話を始めて、やがて遺伝子組み換え作物についても、考えを変えていった経緯を説明したいと思う。

私は最近、ある退職する教授から講座を引き継いだ。この講座は、「食料生産と消費」をテーマに取り上げたものだった。言ってみれば、入学したての新入生に、ちゃんと授業に出席して、実際に勉強するという学究生活の現実を教えるためのものだった。

この講座を引き継ぐお鉢が私に回ってきたのは、私が夏の間"農業"に精を出しているらしいということを同僚たちが聞き及んでいたからだ。もともと使用していた教材もいくつか採用したが、私自身が長年植物や動物を育てた経験から学んだことに沿ったテーマとなるよう試みた。

もともと使用していた教材の多くは、私に言わせれば、単純にクズそのものであるか、クズみたいな情報源から引っ張って来たものだった。その中には、厳格な菜食主義に対する疑似科学的な賛歌のビデオもあったし、巨大アグリビジネスの悪口を吐き散らすだけの内容もあり、くだらない嘘だらけであった。

にもかかわらず、これらのジャンク情報が、アマゾンのカスタマーレビューでは驚くほどの数の絶賛コメントを集めているところを見ると、われわれがいかに、たわごとを信じやすいかがよく分かる。

さらに、この講座を引き継いだおかげで、マイケル・ポラン氏（Michael Pollan）の『食を守れ』（In Defense of Food）を読む機会にも恵まれた。文句言いの美食家さんが、大嫌いな還元主義的科学に異議を唱えているのだが、どういうわけか還元主義者に受けが良いらしい。いずれにせよ、"西欧型

食生活"（それがいったい何を指しているのかよく分からないが）を諸悪の根源のように言っているが、何ゆえ西欧型食生活がそれほど健康に悪いのか、その科学的根拠を示さずに、ただ単に昔懐かしい"お婆ちゃんの手料理"とホリスティック歯科療法（代替歯科療法とも呼ばれ、科学的エビデンスに乏しいとの批判を受けることが多い）に回帰せよとうたっている。

当初のテーマ「食料生産と消費」について考えるより前に、もっと批判的な思考法を身に付け、嘘を暴くことができるように、クラスのディスカッションを進める必要があることが分かった。

従って、論点は単に肉食すべきか否かといったことではなく、例えば、私たちが一般人として、メディアに溢れる食品や農業に関するさまざまな主張をどのように読み解き、評価すべきか、という点とした。本当に有機農業は"従来的な"（どういう意味だ？）農業よりも優れているのか。

菜食主義者は、雑食である私たちより健康で幸せな生活を送っているのか。

本当に肉を食べるとがんになるリスクが増すのか。

巨大アグリビジネスは、私たちの身体を遺伝子組み換え食品で汚染し、農薬で中毒させ、大腸菌に感染させようとたくらんでいるのか。

私たちの身の回りに溢れているすべての健康問題——メタボリックシンドローム、2型糖尿病、肥満、高血圧、循環器疾患、自閉症、アレルギー——これらはみな本当に忌まわしき"西欧型食生活"のせいなのだろうか。

そう。私が引き継いだ講座の教材には、上述のような主張が溢れていた。こうした嘘っぱちにどう対処するべきか、学生らと考えるために、学期中はかなり苦心した。

まず、批判的思考法に関する本を読むことから始めようと考え、ドナルド・プロザーロ氏（Donald Prothero）による教科書『進化』（Evolution）の中の一章『科学、疑似科学、でたらめを見抜く』（Science, Pseudoscience, and Baloney Detection）を読んだ。もうひとつ、『文化戦争としての気候変動』（Climate Science as Culture War）も読んだ。これは、科学的な問題に対する

われわれの信念が、いかにして"イデオロギーのフィルター"にかけられ、"準拠集団"によって左右されるかを論じた素晴らしい短編である。

これらの批判的な思考法を学び、その思考ツールを使って、よく耳にする食品に関する主張を検討したいと考えた。毒性学者を講座に招いて、農薬のリスクとメリットについて話してもらった。また、牧草主体の肉牛飼育を行っている私の友人の農場を訪ね、牛たちの健康を考えたからこそ、有機農業は選ばなかったことを説明してもらった。世間に溢れる食品にまつわる迷信を、何でもかんでも鵜呑みにしてしまわないように、学生たちに考える力を身に付けてほしかったのだ。

残念ながら、クラスの半分は単位を落としたか、途中で脱落してしまった。私はがっかりして、無駄な努力をしたような気持ちになったが、なかなかよく学んだ学生もいたことを考えて自分を慰めた。後になって、脱落者が多いのは、この種の一年生向け講座では、よくあることなのだと聞いた。

陪審義務を果たすために呼び出されて、自分の番号を呼ばれるまで、果てしなく待たされていた時、ミュージシャンでもある私の友人が勧めてくれた"腸内細菌叢"（※叢は一群の細菌の集合。フローラともいう）に関する記事のコピーを持って来ていた。

この友人と私は、科学読み物が好きで、お互いによく情報交換をしていた。とはいえ、彼女は正真正銘の科学者で、私の方は小説家崩れの非常勤講師だけれど。彼女は、どうもその記事を気に入っていたらしいのだけど、私は読み進むうちに、はらわたが煮えくりかえってきた。

この手の記事におなじみの技法が随所に見受けられた。またもや"西欧型食生活"がやり玉にあげられており、とんでもない憶測や推論を「〜の結果であるかもしれない」「〜によって説明できる可能性がある」「〜と関連しているかもしれない」などのあいまいな表現でつなぎ合わせてある。

全体的に"西欧型"科学の産物を見下す偏見に満ちているくせに、腸内細菌叢の重要性に関する科学研究を嬉々として引用している。この人たち

は、自分が新たに発見したと思っている腸内細菌叢のことで、すっかり舞い上がってしまっているのだ。農産物を食べる前に洗わない方が良いのかもしれないなどということまで言い出している。けれど、続けて、「しかし、残留農薬だらけの今日の世界にあっては、農産物を食べる前に、よく洗う必要はないなどと人々に勧めるのは、恐らく賢明ではないだろう」などと書いている。

全く何ひとつ分かっていない人間しかこんなことを書くはずがない。この人たちはいったい誰なんだと思って表紙を見てみたら……。

ああ、やっぱり。やられた。

マイケル・ポラン氏を読まされていたのだ。表紙の著者名がほんの小さな活字で印刷されていたせいで気付かなかったのだ。

よく分かったのだが、農薬嫌いというのは、データを全く無視してしまうイデオロギーの一種なのだ。反証のデータを突き付けられても、へっちゃらなのである。

この件に関するデータは、インターネット上で公開されており、誰でも閲覧することができる。米国農務省が提供している農薬データプログラム(Pesticide Data Program)だ。残留農薬の危険性について警鐘を鳴らす紙媒体やテレビ、インターネット上の情報は、必ずしも信頼できないことを学生らに教えるため、私は、このデータベースを授業で利用している。

万人に忌み嫌われている巨大アグリビジネスおよびその製品を使用している農業生産者らは、私たちの食料の安全を確保するために素晴らしい仕事をしていることを、このデータベースは明白に立証している。

「残留農薬だらけの今日の世界」などという妄想は、生活の糧を食い荒らす害虫に悩まされた経験など持たない都市生活者の頭の中だけに存在する世界だ。彼らの恐れる"残留"農薬とやらは、ごく微量しか検出されないことが、データベースに明確に記録されている。米国食品医薬品局が設定している許容値には程遠い極小レベルである。

例えば、私も自分の果樹園で使用しているが、カルバリルという非常に

一般的な殺虫剤は、1万2件のサンプルを試験しても、233サンプルからしか検出されない。この農薬が最も高い確率で検出された製品はオレンジジュースだが、それでも585サンプル中、130件から検出されたにとどまる。しかも、データの数値をもっと詳しく見てみると、食品医薬品局の定める残留基準値が10 ppmであるのに対し（これもかなり微量だが）、ジュースで検出された量は0.003～0.018ppmの範囲なのだ！　つまり、10億分の3から18程度の濃度でしかない。これは最新の高精度の機器でも、かろうじて検出できるか否かのレベルだ。

　考えても見てほしい。法律でオレンジジュースなどの食品に許容される極小量の農薬残留量には、最初から大幅な安全係数が織り込まれている。それなのに、実際の検出量は、それを何桁も下回るほど微量なのだ。

　このことは、米国農務省が試験しているすべての農薬に関して共通して言えることである。つまり、農業生産者らは非常によく訓練されており、使用説明書に従って農薬を適切に散布し、収穫前の散布禁止期間も順守しているということだ。それなのに、私たちは「残留農薬だらけの今日の世界」に生きているとマイケル・ポラン氏は信じているのだ。

　でも、農産物は洗って食べてくださいよ！　なぜかって？　食物媒介病原菌がいるから。

　食物媒介病原菌は、"100％有機的"で、"オールナチュラル"な生物である。腸内細菌が大好きで、どうしてもたくさんの微生物を体の中で飼いたいなら、好きにしたら良いけれど、米国疾病対策センター（CDC）の報告によれば、2011年には米国で4700万件を上回る食物媒介疾患が発生、うち12万8000人が入院、3000人以上が死に至っているのだ。

比較のために

　オレゴン州立大学国立農薬情報センター（National Pesticide Information Center）による最新の年次報告書（2011年6月1日～2012年5月31日）によれ

ば、人による農薬暴露事故は約3000件であり、うち4分の3が「自宅もしくは庭」で起こった事故だ。農業関連で起こったものは5％で、身体に何の症状も現れなかったものは46.8％、死亡者ゼロ、という結果であった。

これが、農薬使用中における直接暴露事故の結果を表わすデータであるとしたら、オレンジジュース中に検出された3億分の1の"残留"カルバリルが引き起こした死者や被害はいかばかりだったのか？　自信を持って「ゼロ」と言えることがお分かりいただけたと思う。

そうだね、マイケル。おっしゃる通り、君の大好きな有機野菜は洗って食べた方が良いと思うけど、"残留農薬"の恐怖をあおりたてるようなレトリックはやめてもらいたいね。

腹の中の微生物にばかり敬意を払って、農業生産者に対して、こんなに失礼な物言いを許しているなんて、飢えを知らない裕福な国でしかあり得ないことだ。

農薬嫌いの人たちが言うことは、ウソが多いということを学んだ私は、やがて遺伝子組み換え生物に反対する運動もまた、科学っぽく聞こえるように言葉を飾りたてただけの集まりだということを学んだ。

このことを学ぶのに、あまり長くはかからなかった。きっかけは、1型糖尿病を患う私のパートナーが、日々生き延びるために使っているヒューマリン（ヒトインスリン）が、遺伝子組み換え技術によってつくられていることを知ったときだった。インスリンタンパク質をコードしているシーケンス（遺伝子の配列）をヒトゲノムから単離して、このDNAを大腸菌の核に挿入する。その後、大腸菌が増殖していくと、小さなヒトインスリン生産工場が出来上がるという仕組みである。

恐怖をあおる画像の授業

1年生向けの授業で、遺伝子組み換え生物のテーマを取り上げる時は、まず「遺伝子組み換え作物画像」という言葉をグーグルで検索して、画面

に現れるさまざまな画像を見て驚き呆れる、というところから始める。本当におかしな画像が並んでいるのだ。最も多く登場するイメージは何かと、学生たちに尋ねると、彼らはすぐに答える。

「皮下注射器」

その通り。まるでヤマアラシのトゲのようにトマトにブスブス刺さっていたり、トウモロコシの穂に突き立てられていたり、リンゴに不気味な赤い液体を注入していたりする。それから、学生らに単純な質問をする。

「皮下注射は、遺伝子組み換え生物をつくる技術の中でどうやって使われるのだろうか。」

誰も知らない。

「実は、皮下注射器なんて使われていないんだよ」。

その後、もう一度、フォトショップで合成したと思われる無数の恐ろしげな写真を眺めてみる。皮膚がオレンジの皮になってしまったカエル、果肉の中で人間の胎児を養っているトマト、血の滴る心臓の形をしたジャガイモなど。

「この中に、本物の遺伝子組み換え作物は、いくつあるかな」と学生らに尋ねてみる。言うまでもなく、学生らは、これらの画像が本物ではないことは分かっている。「こういうのを何というか知っているかい」

「こういうのって？」

「何かを悪く見せようとして、事実をわざと偽って伝えることさ」

「プロパガンダ？」

はい、正解。やはり、この世に希望はあるのだ。

次のステップは

「本物の遺伝子組み換え生物がどんな姿をしているか知っている人はいるかい」

「ダイズ」という声が聞こえる。「そうだね。ではどうやったら、本物

の遺伝子組み換え生物を見つけることができるだろうか。グーグルで"遺伝子組み換え生物"なんて入れても、答えは出てこなかったね。まずは、自分が何を探したいのか、知っていなければならないのだよ」。

そこで、「ヒューマリン」と入力して、また画像を検索すると、面白くも何ともない箱の写真が現れる。こちらの画像にも、皮下注射器が写し込まれているのが、なんだかおかしかったが、この箱が何なのか、この注射器が何のために使われるのかを学生らに説明してやる。

今度は「レインボーパパイヤ」(Rainbow Papaya)と打ち込んで検索する。すると、美しいオレンジ色の果肉のパパイヤの写真が映し出される。これは、ハワイのパパイヤ産業に大打撃を与えたリングスポットウイルスへの抵抗性を持つように遺伝子組み換えが行われたパパイヤである。

次に「ゴールデンライス」(Golden Rice)と打ち込む。この金色のコメが、水仙の遺伝子配列を利用して、ビタミンAをつくり出すベータカロチンを発現するように組み換えされていることを説明する。この品種は、貧しい子供たちが失明するのを防ぐのに役立つのに、活動家たちがその普及を阻んでいることも話した。

「アークティック・リンゴ」(Arctic Apple)を検索し、これは、グラニースミス種のリンゴの遺伝子を少し調整して、リンゴの果肉を茶色く変色させてしまう酵素を産生できなくしたものであることを説明する。だからどうだって言うの、と思う人もいるかもしれないが、自分が、カットした生のリンゴをスナックとして売りたいと思っている商店主だったとしたらどうだろう。

これらの画像は、血を流す心臓型ジャガイモの写真に比べれば、ちっとも刺激的ではない。残念ながら、注目も集めない。これらは、本物の農業生産者らが実際に育てている食物の普通の写真だからだ。

授業で、「スパイダーヤギ」(Spider Goat)のビデオも見せた。このヤギのゲノムには、ナガコガネグモの遺伝子が組み込まれており、クモの糸のタンパク質を乳に分泌する。ヤギ乳からこのタンパク質を採取して、外科

手術に使用する丈夫な縫合糸をつくることができるのだ。

　米国メイン州議会は、現在、遺伝子組み換え作物を利用したすべての製品に遺伝子組み換え表示を義務付ける法案を検討しようとしている。その関係で、ニュースでも、学生らの友人たちの間でも、遺伝子組み換えに関する話題が上っている。そのほとんどが、遺伝子組み換えに反対する論調だ。新聞にも、馬鹿らしい投書や論説が掲載されている。

　「正直に言うと、私自身は、食品に遺伝子組み換えが表示されようがされまいが、どちらでも構わない」と、生徒たちに話した。「でも、この法案が通ったら結構、面白いことになるかもしれないと思っている。反対派にとっては、期待外れに終わるのではないかな。遺伝子組み換えが表示されても、ほとんどの人は、別段気にも留めずに、製品を買うのではないかと思う。活動家らは、表示することによって、人々がこれらの食品を買わなくなることを期待しているのは明らかだが、そうはならないんじゃないかと私は思っている。遺伝子組み換え食品は、危険ではないことが明白だからね」

　学生たちは、……でも、ラットでがんが多発したという"研究"の話を聞いたことがあると抗議する。そう、あの悪い会社、何と言う名前の会社だったか忘れちゃったけど、本の『フード・インク』（※ Food, Inc.、農薬などの害を訴えた米国映画の原題。マイケル・ポーラン氏などが出演し、2008年に公開された）に書いてあった……。

　「どんな主張であれ、必ずそれに関する研究と称するものが見つかるものだ。問題は、その研究報告を自分で読んだのか、それとも、人の言うことをオウム返しにしているだけかということだ。実際、あんなもの読めるのか？　告白するが、君が言っている研究のいくつかを読んで見ようと、私も挑戦してみたがね、何を言っているのか、さっぱり分からなかったよ。自慢じゃないが、私は英語学の修士を持っているのだけどね」。

　「次に、自問すべきは、それらの研究の正否を評価する知識や資格が自分にあるのかということだ。もちろんない。この教室の中の誰も、ある科

3章　人間の進化と遺伝子の移動　　209

学研究が適正に行われたのかそうでないのか、適切な対照実験が行われたのか等々、判断できない」。

「私たちは、一般人だ。必要な知識があるわけがない。私は、君が言っていた研究に感銘は受けなかったけど、遺伝子組み換えに関連する研究など何千件とあるからね。インターネットで調べて、丸1日かけて気に入ったものを選り分けて行けば、きっと君が信じたいこと、あらかじめ思い込んでいる通りの主張を支持するような研究結果が見つかるはずだよ」。

ハリエット・ホール博士（Harriet Hall）の言葉を思い出してみよう。「一本の研究を信じてはいけない。必ず、その研究に反対する者を探し、なぜ反対しているのかを知るべし」。この作業を怠っているのなら、口を閉じていた方が良いね。

私たちは、生来、信じやすい生き物なんだ。疑うことよりも信じることを選択しやすい。だから、君たちは一生涯をかけて、どのような信念を自分のものとし、何を破棄すべきか、慎重に判断していかなければならない。これは簡単なことではない。

だからトマス・カーディナル・ウオルセイ氏（Thomas Cardinal Wolsey）が言っているように「自分の頭にしまい込んでしまう前に、何を入れるかは極めて慎重に選択しなければいけない。ひとたび頭に入れ込んでしまったものは、決して出てこないから」。

「信念というものは、釣針のごときもの。呑み込むのは容易だが、咳払いくらいで厄介払いできる代物ではない」

今日の授業はこれまで。

あらゆる生物は遺伝子を持つ

アナスタシア・ボドナー
植物遺伝学者

人類はバナナと 50%は同じ

　遺伝子工学が人々から嫌悪される最大の要因のひとつは、ある生物種から遺伝子を取り出して、ほかの生物種に組み入れることができるという点である。しかし、怖がる必要はどこにもない。実際のところ、遺伝子についての知識が増えるにつれて、どんどん驚くべきことが明らかになってきている。不思議なことだが、あらゆる生物は共通の遺伝子を持っているのである。

　地球上のどの生物でもよい、ゲノムを調べてみると、少なくとも一部の遺伝子は、ほかの生物と共通であることが分かる。こうした着想の根本にあるのが、進化という概念そのものである。すべての生物は、互いに親戚同士、どこかでつながっているのだ。

　聞いたことがあると思うが、人類とチンパンジーとは、遺伝的に98.8%が相同である。しかしながら、人類は、ネコとは90%、ウシとは80%、ハツカネズミとは75%、ゼブラフィッシュとは70%、ミバエやニワトリとは60%、バナナとは50%、遺伝的に相同であることもご存知だろうか。

　生物間の類似性を調べるには、いくつかの方法がある。系統樹、全ゲノム比較、個別遺伝子比較などである。これらの方法はすべて、生物同士がいかに似通っているか、遺伝子工学がなぜ少しも気持ちの悪いものではないかを理解する上で役立つ。

系統樹

　すべての生物は、生命が誕生する以前の原始の海に遡る共通の祖先を持っているため、共通の遺伝子を持っている。それを表す方法のひとつが系統樹である。生物の系統発生は、一本の木のように、太い幹から始まり、その後、細い枝へ、より細い枝へとどんどん分岐してゆく。系統樹上で互いに近い位置にある生物同士は、離れた位置にある生物よりも、より最近になって共通の祖先から分岐したことが分かる。

　例えば、ヘビは、ワニよりもトカゲの方が、より近縁の生物種ということになる。

　生物間の類似性や近縁性は、かつては、骨格から生理化学までさまざまな身体的特徴を調べることによって決定されていたが、ゲノム解析やその後のシークエンシング（DNAを構成する遺伝子の正確な配列を解明すること）の登場により、生物の系統的近縁性がより良く理解できるようになってきた。

全ゲノム比較

　生物の類似性を調べるもうひとつの方法は、全ゲノム比較である。これまでに、200種以上の生命のゲノム配列が決定されている。それらの配列を類似性に基づいて並べれば、ゲノム全体がどれだけ類似しているかが分かる。進化の過程において、ゲノムの中の多くの部分が、入れ替わったり、変異したり、重複したり、さまざまに変化してきたが、それでも解析ソフトウェアを用いれば類似している部分を特定することができる。

個別遺伝子比較

　こうして、全ゲノムレベルでの類似性が把握できるようになったが、それとは別に、個別の遺伝子レベルで類似性を調べるのも興味深い。全くか

け離れていると思われる生物同士でも、共通する遺伝子は多い。中には、驚くほど変化せずに保持されているものもあれば、あまりにも変異していて、もとは同じ遺伝子であったことがほとんど分からなくなっているものもある。

　その例のひとつとして、ファルネセン（臭いを発する化合物）の合成を触媒する酵素、ファルネセンシンターゼがあげられる。ファルネセンとファルネセンを生成する酵素にはさまざまな形のものがあり、アブラムシやリンゴなど、非常に多様な生物から見つかっている。リンゴのファルネセンは、あの素晴らしいリンゴの香りに寄与している。アブラムシには、少し異なるファルネセンがあるのだが、これは仲間のアブラムシに対して捕食者が近くにいることを知らせ、逃げるよう警告するフェロモンとして機能している。

　この性質を利用し、英国のロザムステッド研究所は、アブラムシを怖がらせて追い払う目的で、小麦のゲノムにアブラムシのファルネセンシンターゼ遺伝子を挿入した。また、ファルネセンの合成にはファルネシルピロリン酸が必要なことから、ファルネシルピロリン酸シンターゼ遺伝子も併せて使用した。これら2つの遺伝子は、両方とも実験室で合成した。

　ところが、小麦に付くアブラムシを追い払うために合成したファルネセンシンターゼ遺伝子は、偶然にも、ペパーミントのファルネセンシンターゼ遺伝子にそっくりであった。一方、合成したファルネシルピロリン酸シンターゼ遺伝子は、ほ乳類のファルネシルピロリン酸シンターゼ遺伝子に良く似ていた。特に、小さな配列のひとつが、ウシのファルネシルピロリン酸シンターゼ遺伝子に非常に似ていた。

　以上のようなことから分かるのは、多くの遺伝子が、ほんの少し違う形で、多種多様な生物種に存在しているということだ。相同遺伝子には共通の祖先がある。つまり、もとは同じ遺伝子だったということだ。相同遺伝子を持っている生物に共通の祖先があるのと同じである。何が起こっているのかを正しく理解すれば、怖がるようなことは何もないことが分かる。

これらの遺伝子を導入しても、小麦がミントやウシになってしまったわけではないのは、明らかなのである。

遺伝子の種間移動

　生物には、多くの共通の遺伝子があるばかりでなく、自然状態においても生物種間で遺伝子の移動が行われている。これは、遺伝子の水平伝播と呼ばれる。それに対し、ある生物における前代から後代への遺伝子の移動は、遺伝子の垂直伝播と呼ばれる。

　ひとつの例として、菌類に由来する遺伝子の新たな利用法があげられる。その遺伝子を持っているため、菌類は、カロチノイドをつくり出すことができる。カロチノイドとは、色鮮やかな分子で、ニンジンなどの植物を黄色やオレンジ色、赤色にする。

　アブラムシは、通常は緑色だが、菌類の遺伝子を取り入れたために、体色が黄色になったり赤色になったりしたものもある。こうした体色の違いによって、これを標的とする捕食者にも違いが生じ（テントウムシは赤いアブラムシを最も好み、寄生蜂は緑のアブラムシを好む）、進化上の利点がアブラムシにもたらされる。

　このように、アブラムシなどにおいては、遺伝子の水平伝播が見られるが、これは、かなりまれな現象と思われる。ゲノムの塩基配列の解析が進めば進むほど、発見される遺伝子交換の事例も増えるだろうが、やはりある程度の制約はある。

　バクテリアはかなり自由に遺伝子交換を行うが、真核生物（ヒト、アブラムシ、植物、菌類のような多細胞生物）が遺伝子を取り入れることがあるのは、ほとんどがバクテリアやウィルスからである（ほかの真核生物からの遺伝子導入はめったに起こらない）。

　逆に、真核生物からバクテリアへの遺伝子導入に関しては、数多くの実験が行われてきたにもかかわらず、そうした遺伝子導入は起こらないこと

が分かっている。つまり、遺伝子工学を用いて植物に遺伝子を導入しても、その遺伝子がバクテリアに取り入れられることはないのである。いずれにせよ、人為的に植物に導入された遺伝子も、何らかの形で既に自然界に存在しているものであることから、以前からバクテリアは、その遺伝子にアクセスしていたわけである。

遺伝子組み換え作物における意味

　生物間の遺伝子移動は、何の懸念材料にもならない。ある生物から別の生物にわずかな遺伝子が移動したところで、その生物が別の何物かになってしまうことは決してない。

　植物にバクテリアの遺伝子を導入したからと言って、その植物がバクテリアになってしまうことはないのだ。そもそも、その植物には、バクテリアの遺伝子と類似した遺伝子が初めからあったはずだし、バクテリアから水平伝播した遺伝子もおそらく持っていたであろうと考えられる。

　ひとつの例として、ゲノムを書籍に遺伝子をその本の中の一文になぞらえてみよう。もしも、料理本と聖書があって、料理本の中の一文を聖書に移したとしよう。それで、聖書が料理本になるだろうか。

　聖書には、料理本と良く似た文が、既にいくつか含まれている。また、共通の単語もたくさんある。例えば「あなたは小麦、大麦、そら豆、ひら豆、きび、裸麦を取って、ひとつの器に入れ、パンをつくりなさい。」これは、旧約聖書のひとつのエゼキエル書の一節、エゼキエルパンのレシピである。

　料理本の中の新たな一文を付け加えたとしても、ほかの文は一切変わらない。新たな情報が少し加わっただけのことだ。それによって、聖書が料理本に変わってしまうことは、決してない。同様に、ウシの持つ遺伝子と良く似た遺伝子をひとつ小麦に導入したところで、その小麦がウシに変わりはしないのだ。

人間は、出自ではなく、どう生きるかが大切。遺伝子も同じ

　遺伝子組み換え作物において最も広く利用されている形質のひとつは、バチルス・チューリンゲンシス（Bt）と呼ばれるバクテリアの遺伝子に由来する。結晶タンパクをつくり出す遺伝子で、その結晶タンパクは、重要な農業害虫のいくつかを含む、一定の種類の昆虫に対して毒性がある。そのタンパクは、クライ（Cry）毒素またはBt毒素と呼ばれている。

　長い間、Bt菌をそのまま殺虫剤に入れて使用してきたが、効果が長持ちしないため、頻繁に散布する必要があった。従って、保護したい植物の中で、Bt毒素の遺伝子が発現するように試みるという考えは、とても理にかなっていた。この遺伝子は、遺伝子組み換えによって、トウモロコシやワタ、ナスなどの多くの植物に導入されている。

　Bt遺伝子によって、世界中の農業生産者は、栽培している植物の保護に必要な殺虫剤の量を削減することができた。農場が大きくても小さくても、その規模に関わらず、昆虫は、多大な被害をもたらしかねない。

　しかし、殺虫剤の多くは有毒であり、特にチョウやハナバチなど標的としていない昆虫に対して害を及ぼす可能性がある。Btは、食用植物の害虫防除、環境保護の両方の分野において、最善の結果をもたらす。もちろん、完璧なものなどないので、Btとて注意すべき点はある。どんな殺虫剤でも、慎重に使用しなければ、害虫が、その殺虫剤に対する抵抗性を獲得してしまうのである。

　遺伝子組み換えの評価を行うときには、遺伝子の由来ではなく、遺伝子の作用を検討する必要がある。遺伝子の出所は、問題ではない。いずれにしても、私たちの遺伝子の多くは、同じなのだから。

遺伝子組み換え作物は収量が高いか

マイケル・シンプソン
生化学者

もはや組み換え作物に論争は存在しない

　科学者などで組織した「憂慮する科学者同盟」(Union of Concerned Scientists = UCS) は、1969 年にマサチューセッツ工科大学で設立された米国の環境団体で、40 万人のメンバーがいるということだ。この団体は、通常は、原子力や地球温暖化などの環境問題に的を絞って活動している。これらの問題の多くは、極めて重要であり、UCS のような科学的な環境団体の活動のおかげで、地球温暖化をはじめとする環境問題に関する科学的な事実が、きちんと議論の最先端で反映されている。

　しかし、UCS の主張が、科学的エビデンスという軌道を踏み外し、左翼的な科学否定論に陥ってしまった分野がひとつある。農業、もっと具体的に言うなら、遺伝子組み換え作物である。

　UCS は、概して有機農業を支持しているが、有機農法は、健康へのメリットがあまりないにもかかわらず、消費者に高いコストを強いる方法である。一方、遺伝子組み換え作物に関しては、UCS は激しく反対しているが、その根拠は不明確だ。地球温暖化を否定する人々と同じたぐいの未熟な科学批判力に基づいているようだ。エビデンスを無視した独断的な科学ほど不快なものはない。

　遺伝子組み換え食品の摂取によるリスクを示した、説得力のある、査読付き研究論文というものはほとんど存在しない。2012 年後半、フランスのセラリーニ氏らは、モンサント社が開発したある遺伝子組み換えトウモロコシが、がんを誘発することを示そうとする論文を発表した。

　当時、遺伝子組み換え反対派の人々は、遺伝子組み換え作物は邪悪であ

るという自分たちの信念を裏付けてくれそうなものなら、何にでも飛びつきたい思いだったらしく、この研究論文を広く紹介した。疑似科学学部長とも言うべきオズ博士（※ Dr. OZ、テレビの健康番組で人気のタレント）も、彼の言うことならなんでも盲信する無批判な聴衆らにこの研究を宣伝した。

しかし、この研究は、広範な科学者たち（その大部分は農業に特別な関心を寄せていたわけではない）の批判にさらされ、化けの皮をすっかり剥がされてしまい、稚拙な科学であることが露呈してしまった。

遺伝子組み換え作物を巡る議論の多くは、予防原則に基づいているように見受けられる。つまり、ある行為もしくは政策が公衆または環境を害する危険性を疑われていて、当該の行為もしくは政策が有害であるという科学的合意が形成されていない場合、有害ではないことを証明する義務は、当該の行為を成そうとするものにあるという原則である。

しかし、実際には、遺伝子組み換え作物が安全であることを立証する査読付きの研究論文が、何十本も発表されている。また、遺伝子組み換え作物は安全であるという科学界における合意も既に形成されている。

それなのに、政治的な意見や議論と科学的エビデンスとを合体させて蒸し返す人が繰り返し出てくる。「憂慮する科学者同盟」（UCS）、そのほかの左翼寄りの環境団体と関係するごく一握りの科学者を別にすれば、そもそも遺伝子組み換え作物に関する論争自体がもはや存在しない。

政治的立場を逆にしてみると分かりやすい。右翼的な人がしばしば否定したがる地球温暖化や生物の進化も、疑問の余地がないのと同様である。この2つを否定しようとするのは、もはや政治的な議論でしかない。右翼的な科学否定論者が、地球温暖化や生物の進化を示す膨大な科学的エビデンスが間違っているのだと、躍起になって主張しているに過ぎない。

遠い祖先は遺伝的操作にたけていた

遺伝子組み換え作物に反対する心情の根っこには、「自然であるから正

しい、不自然であるから悪い」と、根拠となるエビデンスもないのに判断してしまう誤った推論があることは明らかである（この種の誤謬は「自然に訴える論証」［Appeal to Nature］と呼ばれる）。

　面白い話をしよう。テオシントと呼ばれる、自然のままの遺伝的に全く手を加えられていないトウモロコシの原種は、園芸用の芝とよく似た姿をしている。実の成る部分、私たちが食用にしている穂の部分は、とても小さい。トウモロコシは、約１万年前に人間の手によって遺伝的に操作されて、栽培品種にされたと言われる。私たちの遠い祖先は、驚くほど植物の遺伝操作、つまり育種の技術にたけており、中央アメリカの原住民によりトウモロコシは栽培品種化されたのである。

　従って、本当に"自然な"原種のトウモロコシは、メキシコの一部に生育する野生植物だけである。私たちが普段食用にしているトウモロコシは、巨大なアグリビジネスの農場で栽培されようが、自宅の裏の家庭菜園で育てたものであろうが、こうした遺伝的操作のおかげで、原種のトウモロコシとは似ても似つかないものになっているのだ。

　では次に、遺伝子組み換え食品の健康への有害性という側面を離れて、その利点、メリットとは何かを考えてみよう。

　おそらく、遺伝子組み換え作物を栽培する理由は、作物の収量、すなわち食料生産量を大幅に増やすという一事に尽きるだろう。収量をどうやって増やすかといえば、害虫による被害を抑制したり、乾燥抵抗性を増したり、その植物の生み出す可食部分を増やすなどの方法による。遺伝子組み換え作物が何のメリットももたらさないのであれば、予防の原則を厳しく適用しても、それはそれで納得がいく。

　言うまでもなく、UCSも収量という視点を無視しているわけではない。彼らは白書と呼ぶ、査読を受けていないけれども、科学論文っぽい体裁をまとった文書を出版し、「米国全体のトウモロコシの生産量は過去数十年の間に平均約１％の伸びを示してきた。これは、Bt品種（※害虫を殺すBtタンパクを持つ遺伝子組み換え作物の品種）によって実現した収量の増加よりも

3章　人間の進化と遺伝子の移動　　　219

かなり大きい」と結論付けている。言い換えれば、UCS は、この遺伝子組み換えトウモロコシ一種類だけを取り上げて、"従来型"トウモロコシ（それがどういう意味か分からないが）よりも収量が高いわけではないと言おうとしているのである。

　UCS は、"固有収量"（intrinsic yield）という用語を用いているのだが、この言葉は、農業分野において非常に限定された意味を持っており、私たちが通常考える"収量"とは異なる意味を表わす。UCS は、遺伝子組み換え作物（この場合はトウモロコシ）は、ほかのトウモロコシに比べて"固有収量"が高くないと主張しているのだが、これが何を意味するかというと、穂軸1本当たりにつき生産できる穀粒（可食部分）の量が多いわけではないということを言っているに過ぎない。

　しかし、農業生産者にとっての"収量"とは、単純にそれだけの意味ではない。土地、水、農薬、そのほかの費用を含めた一定額のコスト、一定面積において生産できるトウモロコシ（またはほかの作物）の量を意味する。例えば、害虫への抵抗性があるために多くのトウモロコシが収穫期まで成長することができ、そのため殺虫剤（またはそのほかの"不自然な"化合物）の使用量が少なくて済んだとしたら、1本の個体からとれるトウモロコシの量が増えなかったとしても、農業生産者にとっての収量はより高くなる。

　最近『ネイチャー・バイオテクノロジー』誌（Nature Biotechnology）において出版された記事によれば、環境要因を抜きにして遺伝子組み換えトウモロコシと従来型の育種によるトウモロコシの収量を比べてみると、遺伝子組み換え品種の収量が高い年と、低い年とがあるという。遺伝子組み換えトウモロコシが、従来型の育種によるトウモロコシと、同等かそれより少ない収量だった年には、天候、病気、害虫などの環境要因が例年通りだったが、環境要因が例年よりも悪条件だった場合には、遺伝子組み換えトウモロコシの方が、有意に収量が高かったという。

　つまりは、ちょっとした言葉のトリックである。UCS が採用している"収量"の定義、つまり一個体としての植物に注目し、ほかの要因を無視した

定義を用いれば、遺伝子組み換えトウモロコシを栽培することに、特段のメリットが無いかのように見える。

しかし、実際の農業、植物にとってさまざまな厳しい環境状況が訪れる可能性のある現実の世界においては、遺伝子組み換えトウモロコシの方が、高い収量、場合によってはかなり高い収量を期待できるということである。要は、遺伝子組み換え作物の価値を不当に過小評価してはならないということである。言葉の用い方によっては、これらの作物の価値に対する評価の仕方が変わってきてしまうから注意を要する。

どんなに懐疑的な人間でも、遺伝子組み換え作物の価値に関するエビデンスを精査すれば、かなりのメリットが見出されるであろう。一方、健康リスクに関するエビデンスを精査しようとしても、実際には遺伝子組み換え作物による健康有害性を科学的に示唆するような本物の証拠は何も見つからない。

従って、科学的結論としては、やはり遺伝子組み換え作物は人類にとって大きなメリットをもたらすものであると結論付けざるを得ないのだ。

遺伝子組み換えに対する感情的な憎悪が、遺伝子組み換え作物販売大手のモンサントに向けられていることを私も承知している。しかし、モンサントに浴びせられているコメントの多くは、事実を歪曲していたり、悪意に満ちた先入観を人々に植え付けるだけのものであったり、論理的に間違った推論に立脚したりしている（巨大製薬会社とワクチンに関する噂と笑えるほどよく似ている）ので、とても真面目に取り合う気になれない。

しかし、遺伝子組み換え作物を巡る懸念の中には、一定の妥当性を有する議論もある。生物多様性に関する議論がそのひとつだ。しかし、その点は、遺伝的に多様な作物を自ら好んで栽培する、持続可能な農業を営む小規模農場が担ってくれるはずだと思う。これらの小規模農家は、そうした作物を求める消費者に対し、より高い価格で製品を提供できるはずだ。

しかし、人口が爆発し、実り豊かな農地が減少し続けている現在、まずは作物の"収量"を増やすことが急務である。そのためには、遺伝子組み

換え技術であれ、なんであれ、必ず遺伝的な操作が必要になってくる。われわれが野生のトウモロコシを栽培品種化した1万年前の昔から、ずっと続けてきた営みである。

4章

巨大企業と表示の義務化論争

遺伝子組み換え作物のウソが
魅力的なわけ

カミ・リアン
社会科学者

反 GM の迷信に理性的に反論しよう

　最近、あるバイオテクノロジー企業グループの重役がインタビューに答えて、遺伝子組み換え食品に対して懐疑的な消費者の疑念を晴らして、今からでも彼らの心をつかむことができるはずだと語っていた。バイオテクノロジー推進側の人間が、その技術およびメリットについて、もう少し上手に説明する必要があるとのことだ。

　インタビュー記事の見出しは、次のようなものだった。

　「遺伝子組み換え食品を巡る世論は、今からでも変えられる」

　この人の力強い楽観主義には敬意を表するし、遺伝子組み換え作物に関する説明と情報発信を続けていかなければならないという点では、私も同意する。しかしながら、賛否両論に分かれるこの話題に関して、共通の土台を見出そうとする努力を阻む、今日的現実というものがいくつか存在する。

　その最たるものが、私たちの身の回りに日々あふれる情報量の多さだ。毎日の生活のあらゆる場面にモバイルテクノロジーが浸透し、私たちの多くが、その瞬間に必要な情報を入手するため、インターネット上の情報源またはソーシャルネットワークを利用している。

　このような人は「ジャストインタイム・ユーザー」と呼ばれ、全成人人口の 62% を占める。反遺伝子組み換えを唱える団体の多くは、これらのネットワークを巧みに活用して、誤った情報を拡散し、世論に影響を及ぼしてきた。

人心を操作すべく練り上げられたキャッチーな言葉（遺伝子組み換え食品をフランケンシュタインになぞらえた"フランケンフーズ"など）やイメージ（トマトに注射器が刺さっている画像など）を駆使して、さまざまな迷信を創り上げてきた。遺伝子組み換えトウモロコシを食べるとがんになるとか、トマトに魚の遺伝子を導入しているらしいとか、遺伝子組み換えトウモロコシはオオカバマダラの幼虫を殺すとか……。こうして、人々の心の中に、遺伝子組み換え技術に対する恐怖心を植え付けてきたのである。
　これらのつくり話や迷信と、私たちの認知習性とが組み合わさると、事態はなおのこと複雑になってくる。

人間は、陰謀説を生み出したがる

　パブリック・ポリシー・ポーリング社（Public Policy Polling）が、2013年に行った調査では、有権者の20％が、幼少期に受けたワクチンと自閉症との間に関係があると信じており、14％が、雪男の存在を信じている。
　先週、マギーコアース・ベイカーという記者がニューヨーク・タイムズ紙の記事で報告したところによれば、「陰謀説とは、不確実性と無力さに対して人間が取る反応」であり、「首尾一貫した理解可能な説明を付けようと、人間の脳の分析機能が一種のオーバードライブ状態に突入してしまった」結果生み出されるものだそうである。

人間は"絵"として認識する。

　私たち人間は、情報を視覚的に整理し、処理するために"絵"の形で考えようとする。絵として把握するために、私たちの脳は、感情や創造性をつかさどる部分を動員する。そのため、反遺伝子組み換えを唱える団体が、その主張を訴求するために用いるつくり話、メタファー、イメージなどが、しばしば視覚的な説得力を持ち、非常に強力な影響を与えるのだ（例えば"フ

ランケンフード"など)。

人間はパターンを見出したがる

　私たち人間は、点と点を結び付けて考えたがる。点Aと点Bがあれば、その2つを結び付けるだけでなく、二点の間にあるすべてを埋めようとする。実際のところ、人間だけでなく、すべての動物が同じことを行い、これを「連合学習」と呼ぶ。マイケル・シャーマー（Michael Shermer、1997年）によれば、ノイズ、すなわち意味のない刺激に何らかの意味のあるパターンを見出そうとする傾向であり、そうすることで生物は環境に適応していくのだと言う。

人間は体制順応的である

　私たちが身の回りの人々と考えを伝達しあい、その考えを互いに強化し合ううちに、そうした身近な人々とのネットワークの中で、イデオロギー的な忠誠心が生じてくる。「人々は自分と同じ価値観を共有し、従って信頼し理解できる人に尋ねるというやり方で科学的知識を得る」エントマン（Entman、1989年）。さらに、ダン・カーン（Dan Kahan、2012年）が示唆している通り、周囲の環境が「もし君がわれわれの仲間ならこれを信じなさい。信じないのなら、君は向こうの味方だということだ」というような偏った選択を押し付けてくる。息苦しい圧力に満ちてくると、人はグループの皆に従う方が、人生はずっとうまくいくと考えるようになるのである。加えて、人間は、自分の周囲の個人的なネットワークから情報を得るばかりでなく、自分の信念を正当化するような情報を積極的に探そうとする。

　心理学者は、こうした傾向を"確証バイアス"と呼んでいる（Plous、1993年／Risen and Thomas、2007年／Arceneaux、2012年）。

　私たち人間は順応性の高い、社会的な生き物であり、パターンを探そう

とする。こうした人間の行動から予想されるのは、私たちは、きっといつまでたっても、人間が自ら生み出す迷信や魔法に対処しなければならず、革新的な技術や新しいものに異を唱える意見に直面させられるであろうということだ。

　こうしたつくり話や迷信や陰謀説というものは、変化の時期に、文脈と説明を提供してくれる。社会人類学者のクロード・レヴィ・ストロース (Claude Levi-Strauss, 1996年) の考察によれば、迷信や神話は、懐かしい過去へ、あるいは、より良い未来への門を開いてくれるものだという。レヴィ・ストロースが語った言葉の中で、最も説得力があり、とりわけ遺伝子組み換えを巡る現代の議論に照らして、的を射ていると思うのは、迷信や神話を創る行為とは、それ自体が、力の行使であるという点である。

　この力の行使が繰り返し実証される様を私たちは目の当たりにしているのである。遺伝子組み換え反対運動により創り上げられたバイオテクノロジーに関する迷信が連綿と語り継がれているのだから。

　では、遺伝子組み換え食品を巡る世論を変えるには、もう遅すぎるのか。もちろんそんなことはない。しかし、大衆の疑念を晴らし、心をつかむことができると考えるのは、少しばかり短絡的な気がする。私たちにできるのは、せいぜい、反バイオテクノロジー活動家によるつくり話に理性的に反論し、建設的な形で情報発信を続けていくことだけである。

有機論者が
遺伝子組み換え作物を好む理由

ラメズ・ナム
文筆家

有機論者の夢を GM 作物は実現した

　熱帯雨林を救い、土壌や水域の毒素を削減し、より健康的で栄養価の高い食品を提供できる農業の方法があるとしたらどうだろうか。

　有機農業のことを言っていると思うかもしれないが、実は、遺伝子組み換え作物のことだ。

　有機農業の目標は、環境への負担を減らし、身体に良い食品を栽培することにあり、その目標自体は素晴らしい。しかし、有機農業は、そうした可能性を実現できていない。

　栄養という点で言えば、あらゆるデータを複合的に分析した結果（スタンフォード大学によるメタ研究、英国における 50 年に及ぶ体系的レビューなど）、有機農業は事実上、プラスもマイナスもないことが分かっている。有機食品は、一般に、従来型農業で生産した食品と比べ、栄養価が高いわけでも低いわけでもないのである。

　環境への影響という点で言えば、有機農業が明らかに勝っていると考えるかもしれない。1 エーカー（約 0.4 ヘクタール）の有機農業の農地と 1 エーカーの従来型農業の農地について調べた場合、その考えは確かに正しい。しかし、オックスフォード大学が 71 件の査読付き研究について行ったメタアナリシス（信頼できる各種論文を総合的に分析すること）によれば、同量の食品を生産するために、有機農業の方がより多くの農地を必要とするため、環境面でのプラス効果が打ち消されてしまい、どうかすると従来型農業よりも環境への影響が大きくなってしまうことがある。

森林を救う

　しかし、これだけではまだ、有機農業の環境影響をとらえきれていない。上記の研究は、農業の最大の問題、すなわち森林から農地への土地転用について考慮に入れていないためである。私たちは、地球上の陸地の約3分の1を、食品を生産するために利用している。それにより、地球上にそもそもあった森林の半分が破壊される結果となった。現在、世界中で進んでいる森林破壊の実に80％が、農業を原因としている。このような森林破壊は、農業が環境に及ぼす影響の中でも断トツで最大のものであり、農薬や肥料の乱用よりも何倍も影響が大きい。

　一方、2050年には、食料を、現在よりも、さらに70％増産する必要があると予測されている。農地あたりの収量が現在と変わらず、農地を拡張して、増産を実現しようとすれば、世界に現在残されている森林の70％を伐採しなければならないことになる。有機農業の収量を基準にして世界に食料を供給しようとすれば、状況はさらに悪くなる。有機農業の収量は、従来型農業よりも低いからだ。

　どの程度低くなるのだろうか。2008年、米国農務省は、すべての有機農場に対して調査を行い、その収量をたずねた。植物病理学者のスティーブ・サベージ氏（Steve Savage）は、その収量データと、同じ年の従来型農業の収量とを比較した。

　以下は、彼の研究の要約からの抜粋である。

▼大部分の事例において、有機農業の収量の全国平均は、全体的な全国平均の収量をかなり下回っていた。

▼条植え作物（株と株の間隔をあけて列状に植える）について、例をあげると、冬小麦は全平均の60％、トウモロコシは71％、ダイズは66％、春小麦は47％、イネは59％であった。

▼ミネソタ大学の研究者が実施し、『ネイチャー』誌（Nature）に発表した全く別の分析によれば、有機農業で栽培できる食料量は、1エーカーあ

たり、従来型農業で栽培できる食料量の約3分の2に過ぎないことが分かった。言い換えれば、有機農業の場合、同量の作物を栽培しようとすれば、従来型農業の1.5倍の農地が必要になる。

▼有機農業の目標は高潔であるが、収量が低すぎて、現在残っている森林を伐採しない限り、世界に食料を供給する手段には絶対になりえない。森林を救うためには、1エーカーあたりの食料生産量を減らすのではなく、増やす必要がある。

食料を増やし、森林を増やす

では、どうすれば、収量を増やすことができるのか。

全世界の収量を米国レベルにまで引き上げることができれば可能である。そのためには、米国において収量の増加に役立っている肥料や農薬、灌漑技術を、発展途上国の農業生産者も、利用できるようにする必要がある。もちろん、有機論者は、肥料や農薬の使用量を増やすことは好まないだろう。

ほかに方法があるだろうか。きっとあるはずだ。遺伝子組み換え作物が、解決のためのカギとなる可能性がある。現在までのところ、遺伝子組み換え作物は、収量の増加に若干の貢献をしたに過ぎないが、近い将来、大きな可能性を持つさまざまな方法の開発が見込まれている。

トウモロコシ（米国で最も栽培されている作物）の収量と、イネおよび小麦（世界の食料供給において最も重要なふたつの作物）の収量を比較してみよう。トウモロコシは、1エーカーあたりの生産量が、イネや小麦よりもカロリーが約70％多い。なぜなのか。トウモロコシは、C4型（※外から取り入れる二酸化炭素からより効率的に光合成を行う特性）と呼ばれる、より進化した形態の光合成を行っているからである。

現在、ビル＆メリンダ・ゲイツ財団から一部資金提供を受けているC4ライスプロジェクトは、C4型光合成遺伝子をイネに導入するための研究

を進めている。

　ほかにも、同様の試みを小麦に対して行うため、いくつかのプロジェクトが進行中である。これらのプロジェクトによって生み出されるのは、本質的にイネまたは小麦の品種であり、ごくわずか（約0.1％）のトウモロコシ由来遺伝子が導入されるに過ぎない。

　しかし、このわずかの遺伝子導入によって、収量は、それぞれ50％以上増えると予想される。ほかの先進的な技術と組み合わせれば、さらに増える可能性もある。また、イネや小麦の栽培に必要な水および肥料の量も減るであろう。

　食料を増産し、森林破壊を減らし、水の消費量を減らし、合成肥料の使用量を減らす。有機論者が目指す目標と同じではないだろうか。実際のところ、トウモロコシの遺伝子をほんの少し借りて、イネや小麦の株をつくり出すことが、そんなに大それた不自然なことだろうか。

地球に優しい

　有機論者は、農薬の使用量も削減したいと考えている。その目的のひとつは、環境への毒性を減らすことだ。皮肉にも、遺伝子組み換え作物は、既にこれを実践できている。

　全米科学アカデミーの報告書「米国における農業の持続可能性に対する遺伝子組み換え作物の影響」(Impact of Genetically Engineered Crops on Farm Sustainability in the US) は、その要約において、以下のように指摘している。

　除草剤耐性をもったGM作物を採用した農業生産者は、これまで使用していたより毒性の強い除草剤に代わって、除草剤グリホサートを使用するようになることが多い。グリホサート（製品名ラウンドアップ）は世間での評判こそ良くないが、現実には、除草剤のアトラジンなど旧来の農薬よりも、劇的に毒性が低い。そして、ラウンドアップ・レディー品種（除草剤耐性の組み換え作物のこと）を栽培している農地では、ほぼ完全にアトラジ

ンの使用をやめて、グリホサートに切り替えている。

　では、ラウンドアップは、同じ除草剤のアトラジンに比べて、どれくらい毒性が低いのかというと、約200倍も毒性が低いのである。

　有機農業生産者が、従来型農業の問題点としてしばしば指摘する問題がもうひとつある。窒素肥料の乱用である。

　この問題も、近い将来開発が見込まれている遺伝子組み換え作物によって解決できる光明が見えてきた。窒素肥料は、土壌から流出しやすく、水域に流れ込んでデッドゾーンと呼ばれる酸欠水域をつくり出している。しかし、遺伝子組み換え作物を用いると、不耕起栽培（除草などのために畑を耕すことはせず、そのまま播種すること）が行いやすくなることから、遺伝子組み換え作物は肥料や土壌の流出を減らす上で貢献している。

　しかし、さらに大胆な発想のプロジェクトが進められている。エンドウやダイズなどのマメ科植物は、肥料として供給される土壌中の窒素に依存しない。代わりに、共生菌の助けを借りて、大気中の窒素を固定して利用している。私たちが呼吸する空気の78％は窒素が占めているのだ。ゲイツ財団が資金提供する別のプロジェクトでは、このマメ科植物の能力、空気中から窒素を得て養分として利用する能力を、穀類（例えば、小麦、トウモロコシ、イネなど）に導入する方法の研究を進めている。

　こうした取り組みこそが、改良と呼べるものなのではないだろうか。

人に優しい

　最後に、健康影響をとりあげる。有機論者は、より栄養価の高い食品を望んでいる。また、遺伝子組み換え作物の安全性について懐疑的である。しかし、食用として認可された遺伝子組み換え作物が全面的に安全であることは、科学界では既に合意されている。

　この点に関する科学界の合意は、少なくとも、気候変動に関する科学界の合意と同じくらい確固たるものである。

遺伝子組み換え作物の安全性に関する神経質な反応のほとんどは、もとをたどれば、フランスのあるひとつの研究所によるメディア操作に由来するものだ。彼らの発表した研究は、既に徹底的に論破されている。逆に、数百もの科学論文において、遺伝子組み換え作物の安全性が明らかになっている。これらのデータをすべて調査し、米国科学振興協会（American Association for the Advancement of Science）は、遺伝子組み換え作物が安全であると結論づけた。米国医師会も、同様に結論づけている。欧州委員会も同様である。フランス最高裁でさえも、フランスである特定の遺伝子組み換え作物が栽培禁止になっていることについて、無効とする判断を下している。フランス政府が、遺伝子組み換え作物が環境または人の健康にとっての脅威であるという信頼に足る証拠を提示できなかったからである。

　より重要なのは、遺伝子組み換え作物が安全なばかりか、栄養価を強化できるという点である。ゴールデンライス・プロジェクトは、遺伝子組み換えによって（葉だけでなく）食用とする穀粒中でビタミンAを産生するイネをつくり出し、ビタミンA欠乏症に苦しむ2億5000万人もの子供を支援しようとする取り組みである。

　作物に対する企業支配を心配する人々もいるが、ゴールデンライスは、事実上、発展途上国のすべての農業生産者に無料配布される予定であり、しかも、再栽培も自由にできる。モンサントを含め、関係するバイオ企業のすべてが、発展途上国における特許権を放棄している。ゴールデンライス以外にも、さらに多くの栄養強化プロジェクトが進行中である。

　ゴールデンライスに触発され、オーストラリアの研究者チームは、2011年、米粒に含まれるビタミンAを増やすだけでなく、鉄分含有量を4倍、亜鉛含有量を2倍にしたイネの実験品種をつくり出した。

　また、ある国際チームは、これと同じアイデアを応用し、アフリカにおける最も一般的な主要作物で、7億人が食料としているキャッサバの遺伝子を組み換えて、バイオキャッサバをつくり出した。バイオキャッサバは、ビタミンA、鉄分、タンパク質の含有量を増やした品種である。

以上のように、次世代の遺伝子組み換え作物は、栄養強化、窒素肥料使用量の削減、収量の増加を実現できる。そうなれば、地球上に残された森林を伐採することなく、世界の人口に食料を供給できる。合成農薬や合成肥料は使用しないが、遺伝的に能力が強化された種子を使用する"バイオ有機"農場の誕生も想像に難くない。

　環境的にクリーンで、森林に優しく、栄養価に富んだ食料、しかも、全世界の人口に行き渡るだけの生産量があげられる。これこそ、有機論者や環境保護主義者にとっての夢の食料ではないのだろうか。いや、世界中のすべての人々が歓迎すべき福音なのではないだろうか。

科学は私たちを笑っている

ジュリー・ケイ
教師

なぜ私は賛成に転じたか

　私はかつて、自分のブログで遺伝子組み換えに反対する記事を書いていた。ところが、この3月、『ケビン・フォルタと学ぶ遺伝子組み換え作物の真実』(The Lowdown on GMOs with Kevin Folta) を読んで以来、いつか自分の意見をはっきりと翻す決定的瞬間がやってくることは分かっていた。ずっと心の奥底で気になっていたことを白状しなければならない時がきたのだ。私はさまざまな文献を読み、学び、本物の科学者とも話をした。科学論文の要約部分だけでなく、その先の難解な科学用語が並ぶ本文まで解読しようと試みたりしたのだ。私は熟考を重ね、反省し、そして意見を変えた。私がたどり着いた結論とは？　「**科学は私たちを笑っている**」である。
　ここに太字で記し、本章のタイトルにも使用したのは、人々にこの文言を見て欲しい、知って欲しい、覚えていて欲しいからだ。きっと、科学は、私たちのことを何かの悪い冗談だと思うだろう。ここで言う"私たち"とは、遺伝子組み換え反対運動に携わっている人々である。数カ月の間、私はその一翼を担っていたのだ。この運動は、現在米国で勢いを増しており、私は旗を振りながらこれに追随するグループの一員として活動していた。しかし、これまで学び、今なお学び続けている知識によって、私の意見は変わり始めている。
　ひとつだけはっきりさせておこう。"科学"と言う時、私はバイオテクノロジー業界やそのほかの産業のことを意味しているわけではない。モンサントのことを言っているのでも、デュポンでも、ダウでも、ほかの巨大多国籍企業のことでもない。

私は、純粋に科学の目的のためだけに追究される科学のことを言っているのである。人々が博士号を取得したり、最先端の研究を行ったりする高等教育機関で、研究・教育されている種類の科学である。言うまでもなく、そうした研究機関における成果を産業界でも応用するのだろうが、私が言いたいのは、ここで言う"科学"とは、金銭的あるいは社会的な意図を持つものではない。偏向のない科学である。いずれにせよ、偏向していたら、それは既に科学ではない。

　科学とそうでないもの（便宜的に非科学と呼ぼう）の間には大きな隔たりがある。その境界線を巡っては、いつの時代にも論争が絶えなかったが、今日この問題は多くの人々に影響を与え、個人の生業すら左右しかねない。食糧、土地、そして水資源に影響を与える。政治や政策にかかわる重要な意思決定にも影響する。科学者らは私たちを嘲笑っている、と同時に泣いてもいる。これらの反対運動は、大きな力を発揮し、良かれと思って行動していた人たちが、本人も知らないうちに大きな害悪を成していることがあるからだ。

　さて、もっと具体的に、要点を言えば、科学的な証拠（査読を経て定評のある学術誌に掲載されるような本物の科学による証拠）は、遺伝子組み換え食品を食べても、人体への有害性はないことを示している。もう一度繰り返す。科学的証拠は遺伝子組み換え食品を食べても人体への有害性はないことを示しているのだ。遺伝子組み換え作物には、リスクをはるかに上回る利点があることを科学は教えてくれる。

　これに尽きる。これ以上にシンプルに表現することはできない。

　遺伝子組み換え技術は完璧だとか、全く問題がないとか言っているわけではない。どんな技術にも短所があるように、問題はある。現在の状態でこれ以上進歩の余地がないと言っているわけでもない。しかし、基本線としては、遺伝子組み換え作物をつくる技術も、それを食べることも、それ自体は危険なことではない。気に入らなければ、反対するのは自由だが、これだけは明言できる。反対したところでどうにもならない。時代の進歩

に抗っても、決して押しとどめることはできないからだ。

　こうして、私の人生の中の遺伝子組み換え反対時代の幕は閉じ、バイオテクノロジー産業に対して、これまでとは違う見方ができるようになった。今では、遺伝子工学にまつわる科学の面についても、理解したいという気持ちになっている。徐々に学んでいこうと思う。

　私が心変わりしたからと言って、スーパーに飛んで行って、遺伝子組み換え作物がてんこ盛りの加工食品を買い込むのかというと、そうではない。今でも、事情の許す限り、有機栽培された自然食品を食べたいと思う。私個人の選択として、そうしたいのだから。今でも、遺伝子組み換え食品に対し、多少の抵抗感が残っていることは否めない。頭では分かっているけれど、生理的反応が知性的理解に追い付くには、もう少し時間がかかるようだ。

　でも、私は現在も学び、変化し、成長し続けている。いつだって、それは良いことである。私にとって、決定的に重要な転機となったのは、自分の信念を疑ってみる勇気を持った時であった。

　私は、悪いやつらに魂を売ってしまったのかって？　私がこうした道のりをたどっているのは、自分自身を正面から見つめるためには、そうせざるを得なかったということ。私は真実から目をそらしたくない。自分の良心に照らし、これ以上プロパガンダのお先棒を担ぐことはできなかったのだ。

　私の"転向"を後押しする転換点となったのは、最近世界中を駆け巡った「驚くべきトウモロコシ比較」(Stunning Corn Comparison) と題する報告書だった。ある大手食品会社が、栽培農家の要請を受けて独立的に実施した研究であるという触れ込みであったが、最初は、「アメリカ全土の母親の会」(Moms Across America) という団体が広めた報告書で、従来のトウモロコシと遺伝子組み換えトウモロコシの間の栄養価比較の結果、両者には驚くべき差があること、また遺伝子組み換えトウモロコシには毒性があることなどを報告していた。最初にこの報告書を見た時、正直に言うと、

なんだか胡散臭いような気がしたのだが、遺伝子組み換え反対運動に貢献したいという熱意のあまり、私は検証もせず、その報告書を直ちに自分のブログに掲載した。

　それでどうなったかって？　ある科学者にこっぴどく叱られたのだが、自分でも叱られて当然だったと思う。報告書は、まるっきりインチキであることが分かった。大学で基礎有機化学をかじった程度の知識があれば、誰にでもインチキが見破れるようなお粗末なものであったようだ。

　遺伝子組み換え反対運動が流した情報で、私のアンテナに引っかかり、拡散に手を貸してしまった偽情報はこれだけではなかったけれど、そうした中でも、これが最も馬鹿げた情報であったことは疑いない。私が知る限りの活動家のウェブサイトで、繰り返し取り上げられ、果てしなく拡散していった。最悪なのは、それを読んだ人たちが信じてしまうことだった。あまりの苛立ちに、この報告書が目につく度に吐き気がこみ上げてくるほどだった。

　その結果、これはもはや、私が誇りを持って参加できるような運動ではないことが分かった。私は嘘や推論ではなく、事実に基づいて自分の意見を形成したい。私は自分のブログに「健康へのスルース」(Sleuth4Health)というタイトルを付けていた。"スルース"(sleuth)の意味を辞書で引くと「探偵のようなやり方で探索もしくは調査を行うこと」とある。まあ、それこそ、現在私がやっていること、これからも続けることだと言える。その結果、自分がどこへ行くのかは分からないけれど、腕の良い探偵がするように、とにかく証拠を負わなければならないことは分かっている。

　一方で、私は今でも、遺伝子組み換え表示を行う取り組みには賛成している。法律によって義務付けられた表示、任意表示、どんな表示でも良いけれど、今はあまり表示が行われていないので、もっと遺伝子組み換え食品表示が増えることを願っている。遺伝子組み換えの問題については、もうこんなに話題になってしまっているのだから、今さら、頬かむりして、知らないふりは通らないだろうと思っている。

しかし、私が最も切に願っているのは、一般大衆に対して、この問題に関するちゃんとした教育が提供されることだ。何が真実で、何が嘘なのか、ひとりひとりが自分で判断できるように、そして、自分と家族のために適切な選択が行えるように、教育は是非とも必要である。人々は、自分が食べている遺伝子組み換えのトウモロコシやダイズが、まさに遺伝子組み換えのおかげで、農薬の使用量を減らす上で役立っていることを知れば、うれしい驚きを味わうかもしれない。

　私としては、今後も、食品や環境中の有毒物質についてブログに書き、告発していきたいと決意している。ただし、本物の毒についてだけ。見当違いの非難をしてしまわないよう、この教訓を生かすつもりだ。

表示の義務化に反対する根拠

マーク・ブラジアウ
ライター

表示は情報伝達する利益を生み出さない

　私は、遺伝子組み換え食品の表示を政府が義務化することに反対である。と言っても、当初は賛成であったのだ。実は、コネチカット州のハートフォード・フード・システム（Hartford Food System）に勤めていたとき、表示義務化のキャンペーンを少し手伝ったことすらある。
　しかし、遺伝子組み換え作物を巡る諸問題について、ひとたび理解を深めてみると、表示を義務化することは、理に適わないばかりか、私の主義に反することが分かった。
　遺伝子工学技術を使って開発した作物を原料とする食品表示の義務化に反対する人がいるなんて、全く理解に苦しむと、多くの人が思うようだ。こうした人たちは、遺伝子組み換え表示義務化に反対する理に適った根拠などあり得ないと思うらしく、反対する者は全員、この問題に何らかの経済的利害関係を有している人間に違いないとみなしてしまう。しかし、私は利害関係など持たない。いや、むしろ、遺伝子組み換え作物に反対していないせいで、仕事の機会が狭められており、食品システムに関する進歩主義的な物書きとしての私の立場はかえって不利益を被るくらいだ。
　遺伝子組み換え作物を批判する人たちは、「なぜ簡単な表示を付けるよう求めることがいけないのか。そんなに無理な注文か。私たちは、自分が食べる食品に何が入っているか知る権利もないのか。遺伝子組み換え食品の表示に反対する理由などどこにあるのか」と言う。
　実際には、遺伝子組み換え作物表示義務化に対し反対する、原理と良識に基づく理由があるのだ。けれども、その説明を始める前に、整理してお

かなければならない論点がいくつかある。

まず最初に、皆が口にする、その"権利"のこと。

「法的に保証された"知る権利"などというものはないことを知ると、世間の人々は概してとても驚く」と、バージニア州シャーロッツヴィルにあるバージニア大学でバイオテクノロジー政策の専門研究員を務めるマイケル・ロデメイアー氏（Michael Rodemeyer）は語っている。食品パッケージに表示される文言は、さまざまな規則や法規によって規制されている。しかし、そうした規則は、憲法上企業に保証されている営利的言論（広告表現）の権利とのバランスを図らなければならないと専門家は言う。「そこら辺は、法律的に明確には定まっていない分野なのですよ」と、カリフォルニア州にあるスタンフォード大学の法とバイオサイエンス・センター（Stanford Center for Law and the Biosciences）所長のハンク・グリーリー氏（Hank Greely）は言う。「もしも私が、賭け好きの男だったら、そうですね、最高裁は遺伝子組み換え表示義務化に対し、無効という判断を下す方に賭けるでしょうね」。

私自身としては、人々には、自分の食べる食品に何が入っているのかを"知る権利"があると考えるが、しかし、その権利を実現するにあたって、政府をその媒介手段とするのは、必ずしも正しいとは限らないと思う。

遺伝子組み換え作物由来原料の表示義務化に反対する理由について理解するためには、まず、営利的言論に対する政府規制の行き過ぎに反対する哲学的論拠について理解しなければならない。この点については、「Central Hudson Gas & Electric Corp. 対 Public Service Commission of New York 訴訟」において、最高裁が打ち出した4つの判断基準において、かなり明確に示されていると思う。

1980年以来、米国の司法は、商業製品もしくは専門サービスに関する広告表現（営利的言論）に対する規制を、「Central Hudson Gas & Electric Corp. 対 Public Service Commission of New York 訴訟」において米国最高裁が示した4つの判断基準に照らし分析してきた。その基準とは以下の

通り。
①当該の広告表現が、合法的な活動に関するものであるか、また、受け取る側の誤解を招くものではないか。
②政府の主張する利益が、実質的なものであるか。
③政府による規制が、その利益を直接的に促進するものであるか。
④政府による規制が、その利益の実現のために必要である以上に広範ではないか。

単に知りたいだけで表示するの！

　ここでは、規制を行う政府の方が、規制によって実現しようとする実質的な利益を明確に示し、規制の正当性を立証する責任を負っている。「政府は、考え得る最も制限の少ない方法を採用しなければならないわけではないが、主張する利益の促進という目的に沿って、規制方法を厳密に調整していることを立証しなければならない。つまり、規制目的と規制方法とは、必ずしも完璧に一致とはいかなくとも、合理的な範囲内で一致していなければならない。唯一かつ最善の処置である必要はないが、実現しようとする利益に応じた範囲でなければならない」。
　また、「International Dairy Foods 対 Amestoy 訴訟」では、裁判所は以下のように結論している。
　「従って、消費者の好奇心（消費者が知りたがっているという）だけでは、たとえそれが正確な事実の記述を求めているに過ぎないとしても、国家が情報開示の強制を正当化するに足る強力な利益であるとは認められない。……営利的文脈においては、(事実の強制的開示の方が、意見の強制的開示よりも、容認されやすいということはない)。
　遺伝子組み換え表示の義務化は、「Central Hudson 訴訟」によって確立された４つの基準に適っていないと判断される可能性が高い。なぜなら、誤解を招く表現に対処するためでもなければ、健康・安全・栄養にかかわ

る情報伝達という利益を実現するものでもないからだ。

　遺伝子組み換え作物は、実質的かつ組成的に、従来型品種と同等であることが既に立証されている。遺伝子組み換え作物は、従来型品種と比べて、栄養面で劣っているとか、より大きなリスクをはらんでいることを示唆する信頼に足る証拠はない。たとえ、表示義務化によって実現される何らかの実質的な利益を立証することができたとしても、有機栽培認証や非遺伝子組み換え認証のマークは既にあるのだ」。

　政府が規制によって実現しようとする実質的な利益の存在を示す信頼できる科学的エビデンスが無ければ、消費者の好奇心（消費者が知りたがっている）という根拠しか残らない。そして、それだけでは十分ではないことが、既に裁判所判断として示されている。

　上記のような理由で、裁判所（特に最高裁）において、表示義務化は憲法に反するという結論が下る可能性が高い。では、私たち自身が、表示義務化法案に反対する理由は何なのだろうか。

　以下に、私が遺伝子組み換え表示義務化に反対する5つの理由を記す。

政府の担うべき役割ではない

　Central Hudson の判例は、「政府には営利的言論を強制する権利があるのか」のみならず、「政府はそういう力を行使すべきか」という問題を判断するにあたって依拠すべき良識的な枠組みを提示していると私は思う。消費者が好奇心を抱く可能性のある問題は無数にある。いかなる場合にその好奇心に対処するため政府が踏み込むべきかを判断する何らかの基準が必要なのだ。

　表示義務化は、良識的でもなければ、原理に基づく政府権力の行使でもない。確固たる原理に基づいた、目標を達成する上で効果的な政策の実施を望んでいる人にとっては、遺伝子組み換え表示の義務化は、最悪の政策であろう。政府が義務付ける食品表示は、人々にとって選択の参考となる

ような重要な健康・安全・栄養に関する情報、もしくは、消費者の誤解や誤認を防ぐ情報を提供するものでなければならない。単に消費者が知りたがっているという理由だけで、製品表示に政府が介入するのを正当化することはできないという裁判所の判断に、私も合意せざるを得ない。単なる"消費者の好奇心"が、政府による表示義務化の根拠となりうることを説明する責任は表示義務化を求める側にある。

先ほども触れたとおり、一般市民の多くが知りたいと思うかもしれない事柄など無数にあり、それこそ、きりがない。従って、どんな場合に政府権力を行使するべきかについての確固たる原理を確立する必要がある。

私の知る限り、これまで表示義務化推進派が提示した根拠は2つしかない。"大衆に支持されている"と"透明性の確保"というもの。公共政策の是非を論じるにあたって、大衆の支持を根拠として持ち出すなど、取り合うに値しない。大衆の支持を得ているかどうかは、公共政策を定めるにあたって十分な根拠となり得ないことは自明であると思う。この主張のバリエーションが「世界の64カ国において表示が行われている。なぜ米国はしないのか」というものだ。64カ国以上で導入されているまずい政策例など掃いて捨てるほどある。繰り返すが、人気の高さは、公共政策の正当性の根拠たりえない。世界の64カ国が、崖から飛び降りたら……。

さて"透明性の確保"の方だが、遺伝子組み換え表示の義務化によって透明性は促進されない。情報の透明性を図る前提として、当該の情報が重要かつ実質的である必要がある。遺伝子組み換え表示を義務化したところで、使用された原材料や導入された形質を特定することはできないし、その原材料の特性についても、非遺伝子組み換え原料とどのように異なるのかについて何か情報が得られるわけではない。誰かが知りたがっているかもしれないほかの育種技術について何かが分かるわけでもない。

人々は、農薬が不安だと言うが、非遺伝子組み換え作物の方が多くの農薬を使用している場合が多いのに、表示は農薬の使用量については何も教えてくれない。除草剤耐性を持った作物由来の原材料であるかどうかすら

分からない。非遺伝子組み換えでも除草剤耐性作物は、あるからだ。

さらに言えば、これらの法律には巨大な抜け穴があり、それを考えると、透明性の確保云々の議論自体がばかばかしいものに思えてくる。遺伝子組み換え作物のほとんどは、家畜の餌として消費されている。しかし、食肉は、この表示義務化の対象外だ。

突然変異の育種はなぜ対象外なのか！

また、多くの米国人は、食事のかなりの部分を外食産業において供給されているが、外食産業もまた対象外だ。ほかにも訳の分からない例外があるが、この２つが代表例である。

また、遺伝子組み換え表示義務化は、消費者が知りたがっているかもしれないほかの育種技術についての情報は提供してくれない。植物の培養組織片を放射線やきつい化学薬品にさらすことで突然変異を誘発し、有益な形質が偶然発現するのを期待する突然変異育種という手法があるが、この育種法の方が、緻密に組み立てられた遺伝子組み換え技法よりも、意図せざる結果を招く可能性がはるかに高い。

それなのに、突然変異育種には表示義務はない。果樹、バナナ、ブドウなどの栽培で行われるクローン接木は、単一栽培につながる。これらの作物は、遺伝的に全く同一（トウモロコシやダイズにおいて見られるよりも、はるかに遺伝的多様性が低い）なので、栽培するにあたってトウモロコシやダイズなどよりも多くの農薬が必要になる。

それなのに、クローン接木には表示義務はない。ごく一般的な選抜育種においても、普通の食用作物から人体に有害な品種を生み出してしまった過去がある。

いくつかの例があるが、最も悪名高いのは、1960年代のジャガイモの"リナペ"（Lenape）品種の事例であろう。ポテトチップに適した品種を開発しようとして、ジャガイモに含まれるアルカロイドのソラニン含有量が

許容値を超えるレベルにまで高くなってしまったのである。

　突然変異育種やクローン接木や選抜育種の失敗例について、懸念を持っている人がいても、その人の懸念は遺伝子組み換え表示義務化によって、何ら解消されない。ある特定の育種技術だけを取り上げて表示してみても、透明性が図られるどころか、ほかのリスクの可能性を曖昧にしてしまうだけである。

　これらの育種法のどれかが、とりわけ高いリスクをはらんでいると言いたいわけではなく、いずれも、同程度の、非常に低いリスクがあることを指摘しているに過ぎない。すべての育種法にリスクは伴う。遺伝子組み換え技術を使用した育種に伴うリスクは、ほかの育種技術のリスクと同じくらい低い。

　また、油や糖類などの原材料には、遺伝子がつくり出すタンパク質は含まれておらず、従って遺伝物質は含有されない。ほかの育種方法による作物から生成された油や糖類と化学組成は全く同じである。その場合、遺伝子組み換え表示を付けることに何の意味があるのだろうか。原材料や製品の特性にかかわることは何も意味しないのだ。

　「でも……」と抗議する人がいるかもしれない。「私が心配しているのは、製品に含まれる DNA そのものではありません。除草剤を過剰使用するような、そんな農業に加担するのが嫌なのです」と。こんなことを言いたくはないが、通常の農業生産者が、ラウンドアップ・レディー対応の組み換えカノーラから、非遺伝子組み換え種のカノーラに切り替えたとする。その場合、おそらくはクリアフィールド・ヒマワリ（※ Clearfield sunflowers、除草剤に耐性を持つ野生種を見つけ、通常の育種交配で除草剤耐性を持つようになったヒマワリ。ドイツの BASF が開発）か、イマゼタピル（除草剤の名前）耐性を持つように育種されたカノーラを使用するだろう。そこで先ほどの人に尋ねたい「あなたは本当に、グリホサートよりも、イマゼタピルを散布した作物の方が良いとお思いですか」。

　基本線として言えるのは、人々が、自分たちの食べる食品について、健

康・安全・栄養や詐欺防止関連以外の事柄を知る権利を持つとするなら、その権利の媒介手段は、任意表示であるべきだと思う。人々は、食品がコーシャー（ユダヤ教の戒律に対応した食品）またはハラール（イスラム教の戒律に対応した食品）であるかを知る権利を有するが、これらの権利を保証するために、政府が介入するのは正しくはない。民間の自発的な第三者認証制度によって消費者に保証されるべきものである。遺伝子組み換え原料に対する消費者の好奇心も、同じ原理が適用されるべき性質のものである。

政府には、ほかにもやるべきことが山積み

　私は進歩主義者であり、だからこそ、政府には、さまざまな役割を十分に果たしてもらいたいと願っている。しかし、一般市民が思いついた要求に、何でもかんでも応えようとして、重要な仕事がおろそかになってしまうようなことは、やめて欲しい。

　オレゴン州では、オレゴン・ヘルス・プラン（Oregon Health Plan）のウェブサイトを立ち上げ、運営するのに、州政府は四苦八苦していた。知事と政権は、既に着手している重要な事業を成功させるために注力して欲しいと切に思っている。一時に何でもかんでも手を付けて、同時進行しようとしても、中途半端なことになりかねない。

　有機栽培認証表示や非遺伝子組み換え認証表示によって、遺伝子組み換え食品を避けたいと考えている人たちにとって必要な情報は既に提供されており、これらの認証制度は、その役割を果たす上で十分なインフラを既に整えている。ところが、オレゴン州政府は現在そのようなインフラは持ってない。既に目一杯手を広げている政府に対して、これ以上守備範囲を拡大するように要求する理由が私には分からない。保守主義者に対しては、これ以上付け足すことは何もないだろうと思う。

遺伝子組み換え表示の義務化は、誤解を招く恐れがある

　政府はこれまで、有益かつ重要な情報しか表示を義務化してこなかった経緯があるため、遺伝子組み換え表示を義務化することにより、遺伝子組み換え表示には、有益かつ重要な情報が含まれていると、一部の消費者を誤解させてしまう恐れがある。

　通常、政府は、トランス脂肪やアレルギーの原因となる小麦やピーナッツなど、健康または安全上の懸念がない限り特定の原料を抽出して、表示を義務化することはない。

　従って、遺伝子組み換えをパッケージ正面に表示（FOP = Front of Package 表示という）することにより、それを一種の警告表示と受け取ってしまう消費者が多数いると予想される。実際のところ、表示義務化を推進する人たちが声高に紹介しているほかの国々でさえも、FOP 表示は義務付けていない。遺伝子組み換え表示は成分表示中に含まれているだけだ。え、皆さんが提案しているのは成分表示に含めるという案ではないって？　だって、「世界の 64 カ国」がそういう方法を採用しているんですよ。いずれにせよ、先ほども指摘した通り、ひとつの特定の育種法を取り上げて表示することにより、ほかの育種法にはリスクがないことを示唆することになってしまう。それは誤った認識である。

　そのような誤った認識を誘う表示を政府が義務化してはならないと、私は思う。

各州法のツギハギ制度は悪夢でしかない

　皆さん、連合規約（Articles of Confederation）をお忘れですか。各州の独自法をツギハギした制度により、通商を統制しようとしても、前回はうまく行かなかった。今日、再び同じことを試みた場合、うまく行くと考える理由があるだろうか。

ほかの州ばかりでなく、世界中から原料が流入する複雑なサプライチェーンを通じて生産される製品を、どうやって単独の州が検査・認証できるというのか。それを実施するための財源がどこにあるというのか。企業はどうやってそれぞれの州で異なる表示制度を順守すれば良いのか。考えただけで、複雑怪奇過ぎて、全く実現不可能な問題解決法（本当は問題など存在しないのだけど）であるように思われる。しっかりと計画された公共政策を実現させるだけでも十分難しい仕事である。最初から先行きが見えない政策に着手するのでは、失敗が保証されている。

環境

　最後に、環境への影響について述べたい。個人的には、これが最も心動かされる理由である。組み換え表示が義務化されたら、おそらく、従来型農業分野では非組み換え作物の使用が増えることになる。すると、土壌に対する殺虫剤散布が増え、除草剤の使用による環境影響も増大すると思われる。また、不耕起栽培も減少してしまうだろう。その結果、土壌中に閉じ込められていた二酸化炭素が外に放出され、土壌の流失がすすみ、土壌肥沃度は落ちる。環境へは大打撃だ。
　私としては、科学に基づいた食品表示の実践と、政府が果たすべき役割に関する正しい認識を求めたいだけである。高望みと言うものだろうか。

心やさしい親は
遺伝子組み換え作物に賛成

カビン・セナパシー
ライター

アンチ大企業の空虚なイデオロギーを捨てよう

　ひとりの親として、私にとっての最悪の悪夢は、わが子の身に危害が降りかかるという考えだ。自分の子が、病気で衰弱していく様を目の当たりにしなければならない心痛など、とても推し量ることさえできない。さらに想像を絶する恐怖があるとしたら、わが子の死を見届けることだろう。サンディフック小学校銃乱射事件が起こったとき、オバマ大統領はこう語っている。「ある人がかつて言っていたことだが、親であることの喜びと心配とは、あたかも自分の心臓が自分の身体を抜け出して、いつも外を歩き回っているような感覚だ。自分自身の欠くべからざる一部である、世にも大切な存在、私たちの子どもは、生まれ落ちて最初の産声を上げた瞬間から、突然この厳しい世界に放り出されることになる」。

　ふとしたきっかけで、こうした凍りつくような恐怖の想像に捕らわれてしまった時、私はいつも、そっと息を吐き、私の家族が健康で無事でいることを宇宙に感謝する。私の家族は健康に恵まれている。居心地の良い家もある。必要なものはすべてそろっているし、欲しいものもたくさんもっている。娘を立派な幼稚園に通わせるだけの余裕もある。経済的・職業的に融通が利き、週に数日は自宅で仕事ができるので、1歳になる息子の成長過程を、間近に楽しむことができる。

　経済的困窮の淵で生活するのはどんな気持ちがするのか。子供の健康について胸のつぶれる心配をしなければならないとしたらどうなのか。想像するしかできない。気持ちの優しい、思いやりのある人なら皆そうであるように、恵まれない人々のことを考えると、心が痛む。多くの自称リベラ

ルや自称民主主義者と同様に、私も、福祉の充実に、恵まれない人々のための社会保障制度に、政府助成による手頃な価格の医療の実現にも、すべて賛成だ。

　だからこそ、私は不思議でならないのだ。なぜ、こんなにも多くのリベラル派が、本来は実にさまざまな点で私心なく思いやりに満ちているのに、なぜ遺伝子組み換え作物に反対するのか。はいはい、分かっていますとも。巨大企業の悪いやつらが……ですね。しかし、この問題に関しては、その指摘は当てはまらないと思うのです。

　世界保健機関（WHO）のデータに基づいて、ビタミンA欠乏症の有病率を示した世界地図を見てほしい。これが現実なのだ。私たちは、ぜいたくな暮らしの中で、このような現実に直面せずに済んでいる。豊かな米国では、モンサントに反対してデモ行進を行い、気取って高級スーパーマーケットのホール・フーズ（Whole Foods）で買い物し、流行のヨーグルト専門店（Chobani）が遺伝子組み換え飼料を使用していると言って騒ぎ立てているが、このWHOの地図の赤色やオレンジに塗りつぶされた国々では、多くの人たちが先のヨーグルト専門店で食べる一杯のヨーグルトの値段よりも少ない金額で生計を立てている。

　また、これらの国々の人々は、自分の大切な子供が、私やあなたの子供と同じように大切に思っている自分の子供が、ビタミンA欠乏などの恐ろしい微量栄養素欠乏症に苦しむ姿を見つめている。ビタミンA欠乏は、子供の失明の主な原因であるとともに、免疫系の機能を大幅に阻害する。さらに、世界的に見て、妊婦の死亡原因の第1位である。

　それなのに、なぜ、このような惨事の根絶に役立つ可能性がある遺伝子組み換えイネやバナナに反対するのか。ご存じない人のために説明すると、これらの作物、ゴールデンライスや、もっと最近開発された"スーパー・バナナ"は、遺伝子組み換えによって、ベータカロチン（ヒトの体内で代謝され、ビタミンAに変化する）を合成・蓄積するように改良されている。ベータカロチンは、ニンジンをオレンジ色にする成分であるが、その含有濃度が高

いため、これらの改良作物は、黄色かオレンジ色になる。

　ビタミンA欠乏症に苦しむ人たちの多くは、これらの作物を主食として食べている。例えば、インド人は米を大量に食べているし、ウガンダ人はバナナを大量に食べている。栄養欠乏の根絶には、インフラの改善や社会・政治的問題の解決が不可欠だが、これらの遺伝子組み換え作物を利用することにより、目に見える成果が得られる非常に大きな可能性がある。

　それなのに、なぜ、グリーンピースは、ゴールデンライスの実験ほ場を破壊するのか。

　なぜ、ここで人種を持ち出して、スーパー・バナナは、褐色人種の市場に遺伝子組み換え作物を押し付けるための策略だなどという、不誠実なたわごとを並べ立てるのか。

　私も"褐色人種"のひとりとして、言わせてもらう。私は、頻繁にインドを訪れているが、栄養失調の人たちの瞳に宿る苦しみをこの目で見てきた。彼らの命を救うことができるかもしれない遺伝子組み換え作物に反対するために、人種問題を持ち出してくるその神経が、私には理解できない。唾棄すべきやり口だ。

　これまで繰り返し言ってきたことだが、遺伝子組み換え技術は安全である。遺伝子組み換え食品に関する基礎的な科学知識とメリットについて、書物などを読んで、是非皆さんに知って欲しい。同時に、考えてみて欲しい。もし、遺伝子組み換え作物が安全でないと反対論者が本気で考えているのであれば、なぜ、チョバーニ（※Chobani、ギリシャのヨーグルトブランド）やホールフーズ（※Whole Foods、オーガニック製品などを扱う米国でも有名な高級食料品スーパーチェーン）などの一流ブランドのことばかり心配して大騒ぎするのか。ヨープレイト（Yoplait、ヨーグルトのブランド名またはフランス企業）しか買えないプロレタリア階級は、危険な遺伝子組み換え食品を食べてもかまわないというのだろうか。

　先ほど取り上げたバラク・オバマのスピーチで、彼は、次のように語っている。「私たちにとっての最重要な課題、それは子どもたちを慈しみ、

育てることだ。最初にしなければならないことだ。それがちゃんとできなければ、何もできはしない。それによって、私たちの社会全体が、どのような評価を受けるかが決まる」

みなさん、「私たちの社会」とは、この世界全体です。人類はみな兄弟姉妹、兄弟を助け、姉妹の子どもたちを慈しもう。特権意識に目をふさがれることなく、科学に対する認識不足を乗り越え、アンチ大企業という空虚なイデオロギーを捨てて、真実を見いだそう。

巨大企業と
バイオテクノロジーの将来

スティーブ・サバージ
植物病理学者

反対運動に手も足も出ないゴリラたち

　バイオテクノロジーという手段を用いて開発された作物、いわゆる遺伝子組み換え作物において、いくつかの本当に素晴らしい改良が現実のものとなってきている。こうしたイノベーションの中には、消費者の健康に良い効果をもたらすものや、農産物の消費拡大を促進するもの、食品廃棄物を減らすもの、病害による作物の損失を防止したり、銅剤散布の必要性を削減したりするものもある。

　このような特徴は、主として飼料用あるいは繊維用に栽培されている主要条植え作物だけでなく、リンゴ、オレンジ、トマト、パイナップル、ジャガイモなどの作物にも、バイオテクノロジーが広がっていることを示すものである。これらの新たな作物が商品として消費者の手元に届くかどうかは、"ゴリラ"たちの決定に大きく左右される。

　ここでいう"ゴリラ"は、ジェーン・グドール（Jane Goodall、英国の動物行動学者、チンパンジーの研究が有名）が研究対象にしたような霊長類のゴリラではない。"800ポンドのゴリラ"（特定の分野・市場などを独占している巨大企業を意味する俗語）といった表現で用いられる"ゴリラ"の方である。

食品業界を牛耳る巨大企業

　多くの業界では、過度の経済的影響力を持つ企業が存在する。これらの企業は、しばしば、そのセクターの"800ポンドのゴリラ"と呼ばれる。

　食品・飲料業界においても、輸入業者（ドールやチキータなど）から製造

業者（マース、フリットレイなど）、食品サービス小売業者（マクドナルド、スターバックスなど）、食品小売業者（セイフウエイ、ウォルマートなど）まで、さまざまな巨大企業が存在する。これらの企業は、その市場セグメントだけでなく、サプライチェーン全体にわたる並外れた影響力を持っている。

　作物の遺伝子工学の黎明期においては、これらのような巨大企業は、その影響力を行使し、バイオテクノロジー作物の商品化を遅らせたり、止めさせたりした。問題は、次世代の作物改良の可能性に対して、これらの巨大企業はどのような役割を果たすのかという点である。

巨大企業によるバイオテクノロジーの受容

　遺伝子組み換え作物が初めて商品化された1990年代半ば、いくつかの巨大企業は、協力的であった。フリットレイ（Frito-lay）は、ジャガイモの貯蔵期間やポテトチップスの品質向上に焦点を当てた、遺伝子組み換えジャガイモの自社開発に資金を投入していた。ドールとチキータは、それぞれバイオテクノロジー企業と協力して、バナナにとって最大の脅威である黒シガトカ病を克服する解決策や、最適熟度のバナナの保存期間を延ばす可能性について検討を行っていた。

　また、先見の明のあるスターバックスの社員は、栽培にかかわる研究・普及活動を通じてコーヒー豆の小規模生産者の支援に携わる必要があるかどうかを考えていた。

　その際、遺伝子工学は、話題になったトピックのひとつであった。その頃、1990年代に既に開発されていたバイオテクノロジー品種の作物（ダイズ、トウモロコシ、スイートコーン、ワタ、カノーラ、カボチャ、ジャガイモ、パパイヤ）を栽培していた農業生産者らは、その成果に非常に満足していた。

巨大企業の弱さ

　ところが、1990年代後半から2000年代初頭になると、遺伝子組み換え技術を悪者扱いする反対派グループの取り組みが、功を奏し始めた。これらのグループは、得体のしれない極彩色の液体で満たされた巨大な注射針や人間の顔が浮かび上がった果物や野菜など、著しい誤解を招く画像や、巨大企業による陰謀説といったレトリックを用いて、消費者の不安をかき立てたのである。

　しかし、こうした激しい抗議にもかかわらず、遺伝子組み換え技術の本質的安全性についての科学的評価は揺るがず、健康問題や環境面での問題も現実には起こらなかった。

　しかし、情報操作されやすい消費者心理に対して、巨大企業は不安を感じ始めた。食品システムにおける巨大企業は、途方もない力と影響力を持っている一方で、自分たちの消費者ブランドに傷をつける可能性のあるものに対して極めて脆弱な側面も持つ。これまで、ありとあらゆる活動家が、この弱みに付け込んできたが、遺伝子組み換え作物に反対する勢力も、同じことを始めたのである。今も栽培され続けている遺伝子組み換え作物の大半は、ブランドの家畜飼料や食品工業用材料向けに販売されており、ブランド保護主義による影響をまぬかれた作物である。だが、消費者ブランド企業が使用する作物については、状況は全く異なっていた。

うまくいかなかった第1ラウンド

　スターバックスは、遺伝子組み換え食品を使用しないと発表した最初の企業のひとつである（当時、コーヒーの遺伝子組み換え品種など市場に一切出ていなかったにもかかわらず）。同時に、サプライチェーン全体を通じて、材料の栽培を支援するというアイデアも、残念ながら捨ててしまった。

　大手バナナ企業は、すべての遺伝子組み換えプロジェクトから撤退した。

大手製菓企業は、その影響力を行使して、除草剤耐性のあるテンサイの導入を何年もの間遅らせた。

また、コーンチップス市場向けに栽培されていたトウモロコシのハイブリッド品種は、一般的に遺伝子組み換え品種でなかったにもかかわらず、フリットレイのマーケティング部門は、世間の顔色を窺うように、同社のチップスには遺伝子組み換えトウモロコシは使用しないと発表した。その後、同社は、遺伝子組み換えジャガイモ開発の研究を、ひっそりと中止した。

そしてあるとき、マクドナルドが、冷凍ポテトを同社に供給していた主要サプライヤー3社に電話をかけ、遺伝子組み換えでないジャガイモだけを入手できるかどうかを問い合わせた。これで、たった3本の電話で、遺伝子組み換えジャガイモの栽培は、事実上終わりを告げた。遺伝子組み換えジャガイモは、殺虫剤の使用量が従来品種よりもはるかに少なくて済むように改良されていたのに、である。

遺伝子組み換え作物反対運動が流布する陰謀説では、モンサントが"世界の食料供給を支配"できる強大な力を持っているかのように描かれる。

しかし実際には、いざ、"800ポンドのゴリラ"の巨大食品企業が、ブランドを傷つけかねない反対運動のリスクをとりたくないと判断したら、モンサントであろうが、ジャガイモ栽培・加工業界であろうが、手も足も出なかったのである。バイオテクノロジー・イノベーションの第1ラウンドは、巨大企業が活動家に屈する結果となったのである。

第2ラウンドは？

そして、巨大企業が影響をふるった第1ラウンドから10年以上が経過した。次のラウンドでもたらされる技術に関しては、状況が変わると言えるだろうか。遺伝子組み換え作物反対運動が、その布教活動への熱意を失ったわけでも、以前より科学に忠実になったわけでもない。

ブランドの評判に敏感な企業は、今も、基本的にリスク回避を優先する。

遺伝子組み換え技術に関する科学的事実や、その安全性・有用性を支持する科学的合意が強まっていることについて、一般の人々に正しい情報が伝えられているとも思えない。確かに、10年前と変わらない要因は多いが、変わったこともある。

何が変わったのか

〈情報源〉人々が"ニュース"を入手する方法が1990年代から変化している。ほとんどの人々は、自分たちの世界観に合致した情報源を選んで、そこから情報を得ている。遺伝子組み換え反対運動といった種類のニュースについては、取り上げる情報源もあれば、取り上げない情報源もあるので、その人が属している社会セグメントによって受け取る情報が異なっている。

例えば、「Grist」や「Mother Jones」などのウェブサイトから情報を得ている人々は、ほぼ毎日のように、食品業界や遺伝子組み換え作物に対する何らかのバッシング記事を目にしている。そうした情報背景の中で、価値ある新たな進歩が見出されることなどあるのか、想像するのも難しい。ほかの人々、またバイオテクノロジーを巡る陰謀説に首までつかっていない人々は、人々の恐怖をあおろうと垂れ流され続けるデマにそろそろ辟易しているかもしれない。空が落ちてくるという類の嘘をつき続けることはできない。いつかは限界が来る。

〈科学者によるコミュニケーション〉科学者は、概して、一般の人々に対して十分なコミュニケーションを図ってこなかったが、それも、いくらか変わりつつある。1990年代後半に見られたものよりも、遥かに上手に情報を伝えているウェブサイトも多数ある。同時に、バイオテクノロジーの安全性を裏付ける独立研究機関による査読付き論文もますます増えてきた。

〈農業界からのコミュニケーション〉農業界は、インターネットやソーシャルメディアを利用して、自分たち自身の口から語り始めている。当然の

ことだが、農業界は、"食品運動"によって悪者扱いされたり、誤った説明をされたりすることにうんざりしている。こうした反応は、農業生産者によるブログから農業団体のウェブサイトに至るまで、あらゆるところで見られる。

〈真の食料供給上の課題〉1990年代には、確かに、食料供給は十分であるかのように考えられていた。むしろ供給過剰であるとさえ思われた。しかし、それ以降、世界の食品貿易バランスにおいて、到底無視できない、いくつかのショッキングな出来事や変化が起こっている。

人類は、人口の増加、アジアの中流階級の拡大、気候変動のはざまで、新たなパラダイムに突入していると考えるべき理由がある。この変化は、富裕国においては、食費が多少圧迫される程度の影響に過ぎないが、"アラブの春"をはじめとする出来事において、既に重大な政治的影響をもたらしている。

〈科学に関する人々への呼び掛け〉多くの人々が既に指摘している通り、政治的右派も左派も、科学的合意を尊重するという点で一貫した態度を示してこなかった。気候変動に関する合意を受け入れた人々は、バイオテクノロジーに関する合意を受け入れない傾向があり、逆もまたしかりである。かつて遺伝子組み換え作物に反対する活動家であったマーク・ライナス氏（Mark Lynas）は、この点について、実に明快に述べている。

また、大手マスコミの記事や『取り残された科学』（Science Left Behind）などの書籍においても、同様のテーマが語られている。

〈カリフォルニア・サプライズ〉米国カリフォルニア州における2012年の州民投票において、有権者は、大きな不備のある遺伝子組み換え食品表示案を完全に否決した。賛成を呼び掛ける"ちゃんと表示しよう"（just label it）というメッセージは、当初、有権者の90％に支持されていただけに、この結果は全く予想されていなかった。

遺伝子組み換え食品のラベル表示を支持する勢力は、この敗北を、食品業界やバイオテクノロジー業界による資金のばらまきのせいだとしてい

るが、シェルドン・アデルソン氏（Sheldon Adelson、カジノ王といわれる米国の実業家）が指摘しているように、有権者の票は金で買えるものではなく、有権者たちだって、事実を知りさえすれば、批判的に考えることができる自立した思考力を持っているのかもしれないということを認めるべきだろう。

勇気ある巨大企業を支援する

　昨年、セミニス・シーズ（Seminis Seeds、モンサントの子会社）は、害虫抵抗性を備えたスイートコーンの新たなハイブリッド品種をいくつか商品化した。もう何年も前から、シンジェンタ（スイス）のBtスイートコーン品種が販売されていたが、大手食品小売業者や加工業者は使用を控えており、主にロードサイドマーケット（直売所）向けに栽培されてきた。Bt品種を使用すれば、各シーズンに散布する殺虫剤使用量を大幅に節約できたはずなのに、その恩恵にあずかることができたのは、地元でスイートコーンを販売しているごく一握りの栽培農家だけだった。

　遺伝子組み換え作物に反対する人々は、新たなハイブリッド品種の登場のことで大騒ぎを演じようとして、その製品を扱うのであれば、ウォルマートに対してボイコット運動を展開すると脅かした。ウォルマート（もしこの世に800ポンドのゴリラ企業があるとすれば、まちがいなくそのひとつ）は、大胆にも、組み換えのBtスイートコーンを扱わない理由は見当たらないと言ってのけた。同社が実際にBtコーンを扱ったのかどうかは定かでないが、論争は勢いを失った。

　もしかすると、今回は、科学者、農業生産者、理性的な人々全般が、巨大企業に対して、前回とは異なる態度を取るように働き掛けられるかもしれない。

　例えば、どこかの勇敢な小売店が"アークティック・リンゴ"（※ Arctic Apple、褐変しにくい組み換えリンゴ）を売り出したら、私は真っ先にそれを買

って、友人や家族に配りたいと思う。ソーシャルネットワーキングが発達した今日、多くの仲間とともに、そういった取り組みを組織することが必ずできるはずだ。

　例えば、最初は、何人かの有志の自宅ガレージに配達するなど、小さな活動から始まるかもしれない。それとも、従来品種より健康に良い油を用いて、アクリルアミド（発がん性物質）含有量の少ないジャガイモを調理していると、勇気を持って公表するレストランが出てくれば、仲間を集めて、その店でフライドポテトを楽しむというのはどうだろう。あるいは巨大企業に手紙を書き、恐怖を広める人々に立ち向かうよう励ますキャンペーンを行うというアイデアもある。

5章

科学を
ゆがめているのは
誰か？

遺伝子組み換え反対は
気候変動懐疑論者

ケイス・クロー
ジャーナリスト

組み換え反対は科学をゆがめた

　私は、気候変動に懐疑的な人々や情報操作に長けた人々が広めた誤報ほど馬鹿げたものはないと、かねがね考えてきた。

　そうした中で、遺伝子組み換え作物に反対する活動家は、いかにして組み換え食品に関する科学を歪めたのかという点に注目し始めた。そうした活動がいかに成功を収めたか、だれがうまくいくように手助けをしたのかを知れば、驚くことだろう。

　私に分かったのは、著名な環境グループ（グリーンピースなど）、食の安全にかかわる監視機関（市民団体の食品安全センター＝Center for Food Safetyなど）、影響力のある食品コラムニスト（マーク・ビットマン＝Mark Bittmanなど）などが、恐怖をかき立てたということだ。

　また、広く尊敬を集める学者によって、怪しげな科学がまことしやかに語られ、伝説的なジャーナリスト（ビル・モイヤース＝Bill Moyers、やマリオン・ネスル＝Marion Nestle）が、十分な証拠もなくプロパガンダを信じて取り上げた。

　さらに、急進的なメディア機関は、気候変動に関する議論を歪める下品なレトリックについては非難することが多かったにも関わらず、遺伝子組み換え作物に関しては、それに勝るとも劣らない扇動的宣伝を再三にわたって行った。

世界中から批判されたセラリーニ氏の研究

　要するに、遺伝子組み換え作物に関する言説は、感情的で政治色が強いため、泥沼から抜け出せなくなっているのである。

　科学を歪曲して解釈した大胆な事例として、2012年後半に発表、世界中でトップ記事として報道され、物議を醸した（しかも査読が行われていた）研究があげられる。フランスの研究チームによる研究で、ラットに遺伝子組み換えトウモロコシを給餌したところ、巨大な腫瘍が発生したり、早死にしたりしたとされた。

　24時間も経たないうちに、この研究の信頼性は、多数の科学者によって徹底的に否定された。この検証作業は、実に迅速かつ痛烈に行われ、間もなく科学的合意による判断が下された。この研究は、誤りだらけだった。本来ならば査読者が発見すべき、重大かつ極めて明白な欠陥に満ちていたのだ。批判を行った多くの人が、極めて腫瘍になりやすい血統のラットがわざと選ばれたことを指摘している。サンプル数や統計分析など、当該研究のほかの主要な側面についても、大きな批判の対象となった。フロリダ大学のある科学者は、この研究は一般の人々を"怖がらせることを目的とした"ものであると指摘している。

　筆頭著者のセラリーニ氏の経歴を考えれば、上記の指摘も、疑りすぎとは言えないだろう。NPR（※米国の非営利公共ラジオネットワーク）の報告によると、セラリーニ氏は"1997年以降、遺伝子組み換え作物反対運動を展開"しており、その研究手法は、ニューヨーク・タイムズ紙によれば、以前より問題視されていた。

　セラリーニ氏による遺伝子組み換え作物を用いたラット腫瘍研究を取り巻く状況は、異様であり（あるフランスの雑誌は、この研究は厳戒態勢の下、秘密裏に実施されていたと興奮気味に報告している）、かなり疑わしい（セラリーニ氏が科学委員会の長を務める反バイオテクノロジー団体が資金提供している）。

　もうひとつ、いかにも怪しげだった点がある。セラリーニ氏と彼の共著

者らは、何社かのメディアを操作し、外部からの批判を防ぐための予防線を張っていたのだ（ヨーロッパでは、そうした戦略が、かえって記者らを虜にする謎めいた効果を発揮したようだ）。

　報道関係者の中には、論文発表前に独立の専門家の意見を求めないことを条件とした秘密保持契約書に署名することにより、研究内容を書き写すことを認められた者もいた。そうしたやり方が、カール・ジマー氏（Carl Zimmer）などの科学ジャーナリストを怒らせた。彼は、『ディスカバー』誌（Discover）の自分のブログに、次のように記した。「こうしたやり方は、科学報道の在り方として、堕落であり、腐敗している。科学者側は非難されて当然だが、これに関与したジャーナリストも、プロ意識の欠如を非難されてしかるべきだろう……。もしも誰かから、一方的に偏った記事を書かざるを得なくなるような秘密保持契約書に署名するように迫られたら、絶対に相手にしてはいけない。さもなければ、手玉に取られて利用されるだけだ」。

　手玉に取られると言えば、この研究が発表されたのと同じ週、セラリーニ氏の遺伝子組み換え作物に関するフランス語の新刊書『人類全体が実験台』（All Guinea Pigs!）が、出版されたことに触れておかなければならないだろう。そして、なんと、彼の著作に基づくドキュメンタリーも同時に発表された。その詳細は、どちらも、セラリーニ氏の研究に資金提供した反バイオテクノロジー団体のウェブサイトから入手できる。そのウェブサイトには、遺伝子組み換えトウモロコシを給餌され、ピンポン玉の大きさの腫瘍ができたラットの、不気味な写真も掲載されている。

　すべてのタイミングが、余りにも都合が良過ぎるとは思わないか。

　こうした数々の疑惑も、『マザー・ジョーンズ』（※Mother Jones、米国の隔月刊誌。反政府的な主張で知られる）で人気の食品ブロガー、トム・フィルポット氏（Tom Philpott）にとっては気にならなかったようだ。セラリーニ氏の研究結果によって「遺伝子組み換え作物は食べても安全であることが立証されているとする、農業バイオテクノロジー業界のお得意のフレーズ

にも、厳しい視線が注がれることになるであろう」と書いている。

　フィルポット氏は、日ごろから、遺伝子組み換え作物が生態系や一般の人々の健康を危険にさらす原因となっていると喧伝している。しかし、遺伝子組み換え作物に関するそうした懸念は、ほかの左派寄りのメディア機関によって繰り返し報道されているが、余り根拠がない。

　カリフォルニア大学デービス校の植物遺伝学者、パメラ・ロナルド氏は、昨年『サイエンティフィック・アメリカン』誌において、次のように指摘している。「現在市販されている遺伝子組み換え作物は食べても安全であると、幅広く科学的合意が得られている。14年間にわたって栽培され、総計20億エーカーに作付けされてきたが、遺伝子組み換え作物の商品化に起因する健康または環境への悪影響は起こっていない」。

　それでは、一部の人々が（モンサントが嫌いで、有機食品しか食べない人、以外の人でも）今も、心に抱いている根強い疑念については、どのように説明すればよいのか。

　こうした人々の中には、新たな遺伝子が植物種や動物種に導入されること自体を心配する人もいる。しかし、人類は、洞窟から出て暮らすようになって以来、かなりの長きにわたって植物や動物の選択的育種を行い、その間ずっと動植物の遺伝子を操作してきた。バイオテクノロジーが登場するまでは、そのプロセスがちょっと遅かっただけだ。

　とはいえ、新しく強力な技術に対して不安を感じたからといって、その人が過激なパラノイアであるということではない。いわゆる予防原則は、頼りにすべき価値のある指針である。しかし、人々が知っておくべきは、遺伝子組み換え作物は、厳格な規制を受けているという点である（科学者の中には、厳しすぎて過剰な負担を課しているという人もいる）。

　環境保護主義者の多くは、"フランケン・サーモン"（Franken-salmon、組み換えのサケ）などの遺伝子組み換え生物が逃げ出して野生化してしまい、組み換えが行われていない天然の近縁種を絶滅に追いやってしまったり、野生種との交雑の問題を引き起こしたりするのではないかと懸念を感じて

いる。

　しかし、"トロイの木馬遺伝子"(Trojan gene) 仮説に基づいて研究を行っている科学者でさえも、野生のサーモンに対するリスクは"低く"、自分の研究が、組み換え作物反対論者によって誤って伝えられていると語っている。

　広く取り上げられてきた、もうひとつの大きな懸念は、モンサントのラウンドアップ除草剤に抵抗性を持つようになった"抵抗力の高いスーパー雑草の急速な出現"である。その結果、農業生産者は、農地に散布する除草剤の量を増やすようになった。さらに、害虫を殺す遺伝子組み換え作物への抵抗性を獲得しつつある害虫が出現していると指摘する研究もある。しかし、こうした問題が起きるのは、なにも遺伝子工学に限ったことではない。農業の歴史は、人間と雑草や病害虫との果てしなき闘いの歴史なのである

　結局のところ、遺伝子組み換え作物のメリットは、デメリットを大いに上回っているように思われる。最近『ネイチャー』誌（Nature）に発表された20年間にわたる研究結果によれば、遺伝子組み換え作物は益虫の生態系を育むとともに、その生態系を周辺地域に広げる上で役立っていることが明らかになっている。

　人々は食品中の遺伝子組み換え材料について心配しているが、重要なのは、遺伝子組み換え食品が健康上のリスクをもたらすという、信頼に足る科学的証拠はないということである。

支離滅裂でも擁護するフィルポット氏

　セラリーニ氏の研究を寛容にも受け入れているフィルポット氏さえも、「これまで、例えば、遺伝子組み換えトウモロコシからつくられたブドウ糖果糖液糖を甘味料として利用したコーラを飲み、その場で倒れて死んだ人はいない」と語っている。

しかし間髪を入れず、次のような疑問を呈する。「では"慢性的"影響についてはどうだろうか。徐々に蓄積されていく影響、何かひとつの原因物質には簡単に結びつけられない影響は。結局のところ、私たちは、目隠しをされた状態で食べ物を食べているのだ」。

セラリーニ氏の研究は支離滅裂であることが暴露されているにもかかわらず、フィルポット氏は、そこから次のような結論を導き出している。「私たちの身の回りの食品が、必ずしもすべて食品としてふさわしいわけではない可能性を暗示しており、さらなる研究が必要であることを疑う余地なく示している」。

ここで疑う余地がないのは、デタラメが目の前に裸でむき出されていても、フィルポット氏は、それをデタラメであるとは言いたくないということの方だ。

私が、フィルポット氏を名指しで批判しているのは、何も彼をいじめたかったからではなく、数多いる遺伝子組み換え反対論者（その最も極端な信奉者は、白い防護服を着用して、実験用区画を破壊する）の中でも、フィルポット氏が、最も合理的で冷静な発言をしているひとりだからだ。

『グリスト』（※ Grist、オンラインニュースマガジン）についても、同じことが言える。同ウェブサイトは、フランスのセラリーニ氏の研究を"重要"とし、「実験結果は注目に値する」と書いている。

現実を尊重する科学界の誰もが取り合わない、明白に誤っている研究結果が、上記のような左派からの支持を得ていることについて、オラック（Orac）という名前でブログを書いている、ある医学研究者は、"ただただ気が滅入るだけ"と書いている。彼は、組み換え作物反対論者による科学の悪用と脅しの戦術は、ワクチン反対運動の行動様式と同じようなものだとしている。

知的整合性を欠くエコ系メディア

　また、エコ系メディアも、反遺伝子組み換えという偏見に目を曇らされて、知的整合性を欠いていることは明らかである。例えば、気候科学について言えば、「Grist」や「Mother Jones」といったウェブサイトは、評論家や政治家が気候変動否認論を口にすると、すぐに飛びついて批判的に書き立てる。ところが、遺伝子工学関連の科学分野で、遺伝子組み換え作物の発がん性や内分泌撹乱作用、生態系への有害性などを示唆する、全く根拠薄弱な擬似科学的主張がお目見えすると、同じメディアのライターが、今度は、これに飛びついて、すぐに肯定的に取り上げるのである。

　私が最も当惑するのは、大手メディアや影響力のある思想的指導者が擬似科学を正当化し、タブロイド紙に掲載されているような最も悪意に満ちたつくり話を取り上げるのを眼にしたときだ。

　2011年に公開された偏向したドキュメンタリー映画『苦い種子』(Bitter Seeds)は、そうしたつくり話に、また新たな命を吹き込む類のものであるが、ハフィントン・ポスト紙 (Huffington Post) のような立派なメディアが鵜呑みして取り上げている。

　『ネイチャー』誌 (Nature) の最近の論評において、イェール大学のダン・カーン氏は、気候変動に関する議論を著しく二極化させた"汚染された科学コミュニケーション環境"を嘆き、「人々は自分と同じ価値観を共有し、従って、信頼し理解できる人に意見を求めるというやり方で科学的知識を得ている」と書いている。

　言い換えれば、多くの人が信頼を寄せる左派的なメディアや、地球環境を憂いている著名な学者、食品評論家などは、情報ブローカーなのである。これらの人々は自分で選ぶことができるのだ。遺伝子組み換え作物の問題に関して、データやリスクを実直に分析することもできるし、科学コミュニケーション環境を汚染し続けることもできるのである。

5章　科学をゆがめているのは誰か？

生物の進化は組み換えの歴史

フォーラット・ジャナビ
ライター

母なる自然は慈悲深いか

　人工的につくられるものよりも、自然が生み出したものの方が優れているという基本的な前提——遺伝子組み換え作物を忌避する人々の心の底には、そういった考えがあると思うのだが——そのような前提に立ち、その論理的帰結をたどると、興味深いことが分かってくる。

　生命の起源と言われる約35〜38億年ほど前、自己複製機能を持った単細胞が誕生した。この単細胞生物が、現存するすべての生物の共通の祖先であったと考えられている。さて、もしもあなたが遺伝子組み換え作物に反対する論者であるならば、組み換えDNA技術は自然に反するものであるという考えを再考してみよう。

　本当に遺伝子組み換えが自然に反するものであるならば、自信を持って言えることがひとつある。私たち人類が、今ここに存在しているはずがないと。なぜならば、遺伝子組み換えが起こらなければ、最初の生物であった単細胞生物から一歩も進化していないはずだからである。いつまでも全く同じ生物が、複製を無限に繰り返すだけで、ほかの生物種へと分化することはなかっただろう。ランダムな変化や突然変異がなければ、生物に変化は起こらないし、起こりえない（そもそも自己複製機能を持った最初の単細胞生物でさえ、何らかの進化で、すなわち変化の結果として誕生したわけだから、変化がなければ単細胞生物さえ生まれることはなかったということだ）。

自然が、最初の遺伝子工学者であった

　原初の単細胞生物から100兆もの細胞からなる人類に至るためには、自然は、遺伝子工学を駆使する必要があった。自然の行う遺伝子操作と人類の行う遺伝子操作との唯一の違いは、自然には定まった方向性、すなわち目的が無いという点だ。つまり、自然は、意図的な目標を持たないのである。そのため、どんなことでも起こりうる。良くも悪くも変化し、醜いもの、美しいもの、痛ましいもの、素早いもの、中には、ひどい苦しみをもたらすものなど、さまざまな性質を組み合わせた多様な変化を引き起こすのである。

　しかし、これまで地球上に生まれた種は、現在までに99.9％が既に絶滅している。自然は、私たちが考えているほど慈悲深いプロセスではないのである。母なる自然は私たちを導く光（あるいは「精霊」でも「母」でも良いが）だと言うのはたやすいが、20世紀だけでも、自然由来の感染病によって命を落とした人の数は17億人に上る。これらの病気で亡くなった人々は、（もしも今、口がきけたとして）母なる自然が本当に慈悲深い光だと言うだろうか。

　また、同じ期間中に非伝染性疾病で亡くなった人々は、おそらく19億7000万人に及ぶが、彼らはどうだろうか。彼らも、自然は優しいだけの存在だとは思うまい。

　この間、人類自身に由来する原因によって亡くなった人の数（戦争、犯罪、武力支配、薬物中毒などによる死者数の合計）は、恐ろしいことに9億8000万人に及ぶが、自然に起因する死者数は、人類に起因する死者数の3倍を上回っている。地球上の人口をこの先どう養っていくかを自然の導きに委ねたところで、決して人道的な結果にはならないのだ。ともあれ、人類が今ここに在るのは、自然の遺伝子改変プロセスの結果であり、そのプロセス自体は、本質的に自然に反するものでは全くない。

　遺伝子の変異は、必ず起こるものである。要は、どんな結果を招くかを

全く考慮せずに自然がランダムに引き起こした変異であるか、あるいは、私たちが一定の目的を持って創り出した限定的な変異であるか、という違いがあるに過ぎない。

自然の生み出す遺伝子改変

　ここで、自然が生み出すものが最も優れているという先ほどの前提についてもう一度考えてみよう。

　もうひとつよく耳にする、人工的なものは不自然なものという前提についても、併せて考えてみたい。想像してみてほしい。原初の単細胞生物以来、自然は偶発的な変異を繰り返し、有利な変異を行ったもの（自分の遺伝子をより多く後代に伝えることができたもの）を優先的に選択し、不利な変異を行ったもの（遺伝子の伝達にあまり成功しなかったもの）を淘汰してきた。

　また、特に有利でも不利でもない無害な変異を行ったものに対しては、当面は、どっちつかずの態度を取ってきた。しかし、やがて、数百万年前のリフトバレー（※人類生誕の地とされる、アフリカ大陸を南北に走る大地溝帯）において、一握りの霊長類が樹上生活を捨て、直立歩行を開始した。彼らは、大きな前頭葉（頭の前面にある脳の一部）を発達させ、素晴らしい幸運なめぐりあわせから、ほかの４本の指に対置する親指を持つに至ったのである。

　このような幸運な出来事が重なり、彼らの子孫は、やがて周囲の環境を操作するようになり、かつてなかった次元で環境を制御できるようになったのも、自然が数億年にわたる淘汰を通じて運動制御と知性を進化させてきたその延長である。それゆえ、私たちに与えられた知性も環境操作能力も、母なる自然からの賜物といえる。宇宙の中の青緑の小さな点に過ぎない、地球と呼ばれるこの星で暮らすすべての動物は、自然が自分に授けてくれたあらゆる技と能力とを最大限に活用して、生き延びるために闘っている。

　結局のところ、与えられた能力を活用しない生き物は、自分の遺伝子を

後世に残せないことが多い。そう考えていくと、私たちが行うことはすべて、私たちが取り得る最善の方法だということになる。人類は自然が生みだした存在であり、ゆえに、人類の行為もまたすべて自然なものであり、人類が現在行っていることはすべて、自然なものなのだから、最善の解決なのだと。お分かりいただけると思うが、この種の（自然は人工的なものより優れているという）論理は、危険な滑り台であり、そもそもの前提から間違っている。

自然、人類の文化、テクノロジーとの間の区別は、恣意的な区別である。人類は、自然から授かった能力ゆえに、今行っていることを行うのである。

別の言い方をしてみよう。ホモ・サピエンスは、38億年の自然の進化の結果誕生し、やがて自ら進化する力（テクノロジー）を獲得するに至った。その過程で人類は、自然が行ってきたと同様に、選択と淘汰のプロセスを続けているが、いくつかの小さな領域においては、人類の選択が自然淘汰に優先している。人類は、自然淘汰の制約によって完全には支配されない最初の生物種である。

とはいえ、淘汰のプロセスの外で生きているという意味ではない。単に、自然による淘汰を乗り越えることができる独自の選択の道を確立しているという意味である。やがて、人類は、自然淘汰への依存をさらに減らしてゆき、人類自らが選んだ環境に依拠するようになるであろう。しかし、そのような進化を遂げるとすれば、それは自然がそのように人類を創ったからである。アリがアリ塚を、ビーバーがダムを、鳥が巣をつくるように、人類は、テクノロジーをつくる。実用技術、仮想化技術、バイオテクノロジーなどさまざまあるが、みな自然なのである。

選択と淘汰

進化は常に起こっている。人類が自分たちに有利なように生物を操作しようが（遺伝子組み換え作物）、自然のあるがままに任せようが（有機農業）、

それとは無関係に生物の進化は起こる。

▼進化とは、ランダムな突然変異による、自然淘汰である。
▼産業革命以前の農業（有機農業）は、ランダムな突然変異を利用した、人為的選択を行った。
▼20世紀の農業（従来型農業および有機農業）は、ランダムな突然変異を加速（突然変異誘発）して、人為的選択を行った。
▼遺伝子組み換え農業では、目的に沿って遺伝子を変異させることにより、人為的選択を行う。

　上記からお分かりの通り、自然淘汰から有機農業を経て遺伝子組み換え農業にいたる過程で、選択あるいは淘汰の程度が変化したのであって、本質的には変化していない。どれかひとつが自然でないと言うのなら、いずれも自然ではないという話になる。

　英国の進化生物学者のリチャード・ドーキンス（Clinton Richard Dawkins）がかつて言ったように「自然な農業などない」のである。厳密に言えば、人類の自然な生き方は、狩猟採集の生活様式である。人類が誕生してから約20万年が経つが、農業を行うようになったのは、わずか1万年前である。上記分類のそれぞれが進化（すなわち自然）であり、一連の進化の流れを成している。

　進化を起こすためには、何かが（あるいは誰かが）、淘汰（選択）のプロセスとランダム（突然変異）のプロセスを担わなければならない。もしも私たちが有機農業の段階のままで満足するなら、自然が、それらの役割を担うことになる。ただし、自然には定まった方向性も目的もない。

　また、20世紀中だけでも36億7000万人が「自然な」死因で亡くなっているという事実から明らかなように、自然は、人類の健康や長寿を特に気にかけているわけではないらしい。しかし、そんな気紛れな自然の代わりに、人類が、選択のプロセスを担うこともできるのだ。自然を崇拝する

人にとっては皮肉な話であるが、そうする能力を人類に（ランダムにではあるが）与えたのも、やはり自然である。

　組み換えDNA技術の生み出した産物を自然のものではないと言うことはできるだろう。でも、それは、自然には存在しないからであって、自然には存在し得ないからではない。そうした食料をつくり出す技術そのものについても同じことが言える。私たちは、自然が用いる方法を取り入れて、食料をつくっているのであって、神を気取っているわけではないのだ。

　中には、こう反論する人もいるかもしれない。自然状態では、魚の遺伝子がトマトの中に入り込むことなんてあり得ないと。しかし、そうした指摘は、進化の根本的な概念に反している。自然は、全く異なる種の、ときには遠くかけ離れた生物種間で、共通の遺伝子を何度も繰り返し利用している。魚の遺伝子、トマトの遺伝子、ヒトの遺伝子などというものはない。遺伝子は、ただ特定の機能を果たし、自然淘汰の原理に従って作用するだけである。

　例をあげてみよう。ヒトのゲノムには、ナメクジウオ（魚に似た海生脊索動物）と同じ遺伝子群が4セット含まれている。この海生の脊索動物は、今も現存する1センチ大の小さな魚なのだが、地球の歴史の過程の中で、誤って2回もゲノムの重複を起こしてしまった。その2回の誤りの結果、現存するすべての陸生動物、ひいては人間が生まれたのである。

　自然が小さな魚から人間をつくり出すことができた（その魚のゲノムは今も人間の中に存在している）のなら、異なる生物種の遺伝子を必要なところに組み込んだからといって、なぜ、それほどまでに不快がらなければならないのか。

　不確実性という言葉を使って説明しようとする人がいるかもしれない。しかし、自然もまた、意図などないのだから、自分が何をやっているのか皆目見当が付いていなかったに違いない。結局のところ、人類が生まれるまでの間に誕生したすべての生物種の99.9%が絶滅し、その結果、今われわれがここにいるのだ。

自然は、自分が何をしているのかなど知らない。意志を持って制御しているわけではないのだ。しかしながら、私たちは、（完全に確実というわけにはいかないが）この仕組みがどう機能するのかについて、かなりの知識を蓄えてきた。

　遺伝子組み換えは、1970年代以降ずっと行われてきたのだ。昨日や今日、発見された技術ではない。もしそうなら、私も、いくらかの不安を感じるだろう。（事実、70年代末から80年代初頭にかけて、この技術に関与していた科学者たちは、遺伝子組み換えにかかわる多種多様な倫理的問題を解決するため、研究の一時停止を自分たちで成立させた。ほかの多くの人々がこの問題を論じ始めたのは、実にその数十年後のことだった。ほとんどの遺伝子組み換え実験は一時停止され、提起されたさまざまな問題が徹底的に議論された）。

重要なのは何か

　遺伝子組み換え技術、さらには従来型農業まで悪者扱いしようとする動きがある。これに伴い、どういうわけか、おとぎ話的な香りに包まれた過去の農業に回帰したがる願望がある。有機農業も、それはそれで結構だと思う。有機農業が悪いわけではないが、しかし、全世界の人口を養うだけの食料を有機農業で生産することはできないのだ。

　ポール・エーリッヒ氏（Paul Ehrich）は、1968年の著書『人口爆弾』（The Population Bomb）において、70年代および80年代には、食料生産が人口増加に追い付かなくなり、大規模な飢餓が発生するだろうと予言した。しかも、そうした惨事を回避しようと努力したところで時間の無駄であり、諦めた方が良いと述べているのだ（同じことを英国の経済学者トーマス・マルサスも1798年に言っている）。

　エーリッヒは「全人類に食料を供給するための闘いは終わった。70年代には、世界は飢餓に襲われ、数億人の人々が飢えて死ぬだろう。今から手を打ったところで、もはや手遅れであり、飢餓は回避できない」と書い

ている。では、なぜ、予測されていた規模の大飢餓や大惨事は起こらなかったのか。もし、彼の忠告に従い、われわれが何も手を打たなかったなら、彼の予言は現実となったに違いない。幸いにも、私たちは、何もしなかったわけではなかった。私たちは、技術を発達させ、驚くほど収量を増加させることにより、大惨事を回避できたのである。つまり、有機農業に別れを告げたのだ。

状況の変化

　1961年以降、収量は300％増加したが、その間の土地利用面積の増加はわずか12％にすぎなかった。いったいどうやって、そんなことを可能にしたのか。

　人類は、技術を利用して収量を大幅に増加させることによって、エーリッヒが予言した惨事を回避したのである。言い換えれば、有機農業を続けていたら、実際に大飢饉が起こっていたに違いない。植物科学によって実現した大幅な収量増加がなかったら、ラテンアメリカ地域の2倍にあたる面積の耕作地を増やさなければ乗り切れなかっただろう。いや、それよりも、予言通り大量飢餓が起こった可能性の方が高い。

　世界の人口が30億人より少なかった1960年代でも、有機農業が唯一の農業手法として広まっていたとしたら、大惨事が起こったと思われるのに、70億人の人口を抱え、今後90～100億人に増えることが予測されている現在、一体、有機農業が何の役に立つというのだろうか。前述の収量の増加は、その大部分が、従来型の農業技術および植物育種によるものだ。

　しかし、現在では、その種の植物科学だけでは、もうこれ以上収量を伸ばせないところまで来てしまっている。だから、次なる段階、今後予測されている一連の問題を克服する（すなわち、食糧生産をさらに70％増加させる一方で、必要な農地面積を減らす）ためには、遺伝子組み換え食品を活用する以外にないのだ。

5章　科学をゆがめているのは誰か？

現在も、10億人もの人々が飢えに苦しんでいるが、それは彼らに供給する食料を生産できないからではなく、飢えに苦しんでいる人々のもとに食料を届けることができないからである。世界を飢餓から救うための解決策は、飢餓に最も苦しんでいる人々自身が、自分たちの手で食料を生産できるようにすることであり、食料支援や施しに頼ることではない。そんなものは、骨折した脚にバンドエイドを貼るようなものであり、とても解決には至らない。

　サハラ以南のアフリカにおいては、有機農業では人々を養えない。この地域の人々は、暑さに強い、乾燥耐性の作物品種を必要としている。彼らは、バイオテクノロジーも、従来型農業技術も持っていない。ということは、伝統的な有機農業しかないわけだが、それでは食べていけないことが既に証明されているのだ。

将来の問題

　2050年までに、土地利用面積を増やすことなく、収量を2倍にする必要がある。現実には、農業は気候変動に寄与する最大要因のひとつであるので、農地利用を増やさないどころか、減らす必要がある。資源低投入型農業に戻っても、この問題は解決されない。それでも望む人がいる以上、低投入型農業が無くなることはないだろうが。

　私は、以前、この問題を解決する上で、垂直農法（高層ビルなどで垂直方向に水耕栽培などを行う都市型農法）が有効であるとする論証を行ったことがある。これは非常に効果的な方法だ。都市の中で食料生産を行うことができるし、水平農法の5～10倍の生産性が期待される。農薬を使わず、必要な水の消費量を大幅に減らすこともできる。

　しかし、水平農法から垂直農法への大々的な転換が起こらなかったとしたら、どうなるか。この技術は1950年代に米軍によって開発されたが、以後60年間にわたり、この技術を大きく展開した人はほとんどだれもい

ない。このまま、利用されないとしたら、どうなるか。手をこまねいて、きっと計画通りうまく行くと願っているだけでは心もとない。希望的観測や具体性のない計画では役に立たない。不測の事態に備え、余剰性を確保する必要があるのだ。

　遺伝子組み換え農業は、そうした点で、大いに貢献できる。人類は、既に約20年間、組み換え食品を栽培し、食べてきた。その間、環境中で散布される殺虫剤の使用量を、4億7400万キログラム削減している（忘れてはならないのは、有機農業でも殺虫剤を使用することだ。有機殺虫剤だからといって、必ずしも環境により優しいとは限らない）。

　2010年には、遺伝子組み換え技術により、大気中に排出されるCO_2は、230億キログラム削減された（道路走行する自動車で年間1020万台分の削減に相当）。2011年には、遺伝子組み換え種子から得られた経済的利益の51％（198億ドル）が、発展途上国の農業生産者の手元に直接もたらされ、自給自足農業や貧困から抜け出る上で役立った。また、組み換え作物の栽培が始まった1996年以降、遺伝子組み換え作物から得られた生産剰余額982億ドルのうち、約50％が、先進国および発展途上国の農業生産者の手元に直接もたらされた。

　健康面では、組み換え食品の最大の消費国、米国において、過去20年間のがん死亡率は20％低下した。あんなに多くの人たちが、人々の健康に恐ろしい影響が出ると警告していたけれど、結局それらの予言は現実のものとならなかったのだ。米国人の健康面で悪化した指標もあるが、これらはきちんと説明できる変化であり、組み換え食品とは、直接・間接を問わず、一切関係がない理由による。新たなアレルゲンは特定されておらず、また、有害な生物学的メカニズムも見つかっていない。

潜在的メリット

　最近、農地が、そのピークを過ぎた。これは、実際のところ、石油のピークや水のピークとは異なり、人類にとって、特に環境にとって、プラスの意味合いを持つ。

　1961年以降、人類は世界的飢餓を回避するために、前述の通り300％の収量増加を実現して、米国・カナダ・中国に相当する農地面積を増やさずに済んだ。

　想像して欲しい。あの時、われわれが（現在やっているように）植物科学に反対する大騒ぎを演じて、技術の適用を妨げていたら、いったいどれほどの森林破壊が起こっていただろうか。環境保護主義者であるなら、当然、自然保全を支持する人たちであるはずだ。自然保全を支持するのであれば、当然、食料を育てるために利用する土地が有機農業よりも少なくて済む従来型農業を支持するはずだ。ひいては、同様の論理により、遺伝子組み換え作物の栽培を支持するはずだ。

　どう見ても、結論はひとつである。英国の農業技術コンサルタント会社（PG Economics）は、2010年時点において、既に市販されている遺伝子組み換え作物を市場から回収するとしたら、同じ生産量を維持するために、ダイズ510万ヘクタール、トウモロコシ560万ヘクタール、ワタ300万ヘクタール、カノーラ35万ヘクタール、それぞれ耕地面積を増やさなければならないと指摘している。これは、米国の農地で8.6％の増加に相当する。しかしながら、活動家が求める通り、すべての遺伝子組み換え作物を回収すれば、そうせざるを得なくなる。人類が生きるため、人間の用途のために、森林や自然をさらに破壊しなければならなくなるのだ。

　一方で、もしも現在進んでいる道をさらに進み、科学とバイオテクノロジーを利用して単位面積当たりの収量の増加を図り続けたならば、ピーク・ファームランド研究（Peak Farmland）の筆者は、2060年までに、控えめに推定した場合でも、1億4600万ヘクタールの土地を、高めの推定値では、

4億ヘクタール（米国、ミシシッピ川以東の概ね2倍の面積）もの土地を自然に返すことができるとしている。

　次世代の遺伝子組み換え作物の多くは、殺虫剤の使用量を大幅に削減したり（中には殺虫剤を全く必要としないものもある）、空気中の窒素を自分で固定したり（河川の汚染が軽減される）、栄養素含有量の増加など栄養不良や疾病の削減に役立つ多くの効果を備えていたりするものとなるであろう。

　言い換えれば、従来型農業に付随する環境への悪影響の多くを軽減できる可能性があるのである。しかし、遺伝子組み換え作物の利用に対する激しい反発のせいで、これらの種子の多くは市販されていない。現在市販されているのは、巨大企業の資金力をもって、ようやく規制の壁を乗り越えた上で、利益の還元が期待できる、ごく一握りの種子に限られている。

　現行の進歩の道を選べば、将来的に、数億ヘクタールの農地を自然に返すことができるだろう。バイオテクノロジーを活用すれば、もっと多くの農地を自然に返すことができる。それなのに、グリーンピースや地球の友などの環境保護団体が、反対するなどということがあり得るのだろうか。

巨大アグリビジネス

　それとも、バイオテクノロジーには、隠された真の問題が何かほかにあるのだろうか。技術そのものには、ほかの形態の農業技術にはない新たな問題は、見つかっていない。全米科学アカデミーをはじめとする、多くの権威ある科学組織が結論付けているように、バイオテクノロジーのプロセス自体が、ほかの方法以上に、本質的に危険性が高いということはない。

　バイオテクノロジーは、従来から利用してきた方法を、洗練させただけのものである。正確さを高めるとともに、時間を短縮したに過ぎない。

　遺伝子組み換え作物において改変されるのは、通常、ひとつから3つの遺伝子であるが、有性生殖する有機作物や従来型作物でも、新しい世代へ更新する度に、必ずいくつかの異なる遺伝子が混入することになる（だか

らこそ、農業生産者は種子を種子会社から購入するのであり、種子の購入はモンサントが存在する以前から行われている)。

　遺伝子変異は、避けられない。DNAの複製エラー、宇宙線の通過などにより、遺伝子の変異は、必ず引き起こされる。組み換え作物の不確実性を指摘することは、すべての植物や動物の世代更新に伴う不確実性を認めることと似たようなものだ。人間においては、子どもを産むと、子世代に平均で約100～200の突然変異が生じるが、人間であることに変わりはない。遺伝子をひとつから3つ追加したところで、同じ食品であることに変わりはない。

　ビジネス面に関しては、実に多くの人々が、問題があるに違いないと推測的に考えている。しかし、これらの問題は、ビジネス改革や、特許改革や、競争の必要性を示唆しているのであって、問題に対処するために技術自体を完全に禁止する必要などどこにもない（どのみち全面的に禁止することは不可能である）。

　しかし、これらの推測的な（ビジネス上の）問題に対する関心は、本来であれば、市場における競争の欠如という点に向けられるべきであるにもかかわらず、どういうわけか、遺伝子組み換え作物全般に対する反対運動へとすり替えられてしまった。このような競争の欠如は、組み換え作物に対する過剰な規制負荷の結果である。そして、このような過剰な規制は、組み換え作物反対活動家による激しい反対運動の結果生まれたものである。

　それが、悪循環の輪となって、反対運動が激化すればするほど、規制の壁は高く、市場競争は起こりづらくなる。つまり、活動家らは、自分たちが無くそうとしている問題をさらに悪化させているに過ぎないのだ。

　私がモンサントであれば、組み換え運動の反対に資金援助するだろう。なぜなら、彼らこそが、モンサントをはじめとする少数の大企業による寡占状態をつくり出してくれているからだ。バイオテクノロジーに対する激しい反発は、この分野を最初に開拓し始めた少数企業の力をかえって補強することになっただけだ。

参入障壁が高すぎて、これまでのところ、ほかの小企業は参入できずにいるからだ。それにしても、モンサントをはじめとするこれらのバイオテクノロジー企業に向けられる誹謗中傷は、常軌を逸している。カトリック教会は、エイズによって最も深刻な打撃に見舞われている大陸においてすら、コンドームの使用を厳しく禁じているという誤った情報を流し、あたかも、エイズにかかることよりも、コンドームを使用することの方がもっと恐ろしいかのように触れ回る者がいるが、これに匹敵するほど理不尽な偽情報だと言わざるを得ない。
　この社会で、政府に圧力をかけているのは、巨大アグリビジネスとモンサントだけではないことを、そろそろ認めようではないか。有機運動は、全体として年間25億ドルを意見広告や各種の運動、政府への働きかけに使っている（まさに"巨大アグリ"じゃなくて"巨大オーガニック"ではないか）。
　モンサントが世界支配をもくろんでいるという妄想も、もういい加減捨てようではないか。2012年の世界の遺伝子組み換え種子市場は140億ドルであった（世界全体の購買力のたった0.0002％で世界を支配するって？　もし、そんな芸当が可能なら、十分それに値するのだろうと思う）のに対し、世界の有機食品販売高は600億ドルであった（当時、世界の遺伝子組み換え作物の収穫時における価値の合計は約650億ドルであったと推定される）。
　また、農業生産者にとっての最大の出費は農薬なのだから、すべての農業生産者が、農薬使用量を必要最小限に抑えるために努力していることを、私たちは知るべきだし、合成化学農薬は、必ずしも有機農薬よりも有害であると決めつけるべきではないことも認識すべきだ（実際のところ、有機農薬の方が、毒性が強いこともしばしばである）。つまり、私たちはもっと現実をよく見て、そうであって欲しい"現実"ではなく、ありのままの事実と向き合わなければならない。
　今日、どんな問題であれ、私たちの抱える問題に対する解決策とは、闇雲に禁止することでもなければ、行き詰まると最初から分かっている愚かしい提案をすることでもない。予想されるリスクとメリットとを丁寧に秤

にかけ、適切に行動すべきなのだ。

　そのためには、エビデンス、すなわち科学を用いるしかない。つまり、解決策とは、研究と調査に基づき、プラス面とマイナス面について専門家の間で理性的な議論を重ねることによってしか得られない。そして何よりも重要なのは、世界中の人々に及ぼす影響をあまねく広く検討しなければならないという点だ。

　食料安全保障と重い疾病負担（この２つは通常セットになっている）は、社会の機能をあらゆるレベルでむしばみ、弱体化させてゆく。これらの問題を解決することができれば、社会的機能不全をあらゆる面で改善することができるだろう。

　機能的には同じである食品を巡って、私たちが言い争ったり、対立したりしている間に、食料や清潔な水や教育が足りないばっかりに、毎年、いったい何人のニュートンやアインシュタインやキュリー夫人を失っているのだろう。この論争の及ぼす影響は、世界中に及ぶのだ。

　遺伝子組み換え食品を食べたくないなら、食べなくても良い。でも、ほかの人が遺伝子組み換え食品を選ぶのを邪魔すれば、他者の選ぶ権利を奪っていることになるのだ。アメリカやヨーロッパのリベラル派の運動は、出産・中絶に関する女性の選択権に関しては、これを積極的に支持する（もちろん、正当な権利だから！）が、食べ物のことになると、突然、選択権を認めないという態度を取る。その選択権を奪われたために、世界中の何十億という貧しい人たちが被る影響は、中絶する権利を奪われた女性よりもずっとひどいものであるというのに。

　このような指摘に対し、決まって聞こえてくるのが「私たちには知る権利がある。なぜ遺伝子組み換えを表示しないのか」という文句だが、そんな表示は必要ないのだ。反対の意味のラベルがもう既にあるのだから。"有機認証"には、遺伝子組み換え材料を含まない、という意味がある。

　本当に問題があるビジネス面での競争や法的環境といった問題には目を向けずに、あれやこれやの見当はずれの問題が、人々の目をそらすかのよ

うに投げかけられる。

　やれ、有機食品の方が栄養的に優れているだとか（過去50年の162件もの研究を網羅したメタ分析により、栄養的に差はないことが示されているのに。いずれにせよ、少しくらい栄養価に違いがあっても、健康に大きな影響を及ぼすことはない）、やれ、有機農業は、ほかのあらゆる形態の農業よりも環境面で優れているとか（実際には、それほど単純に判断できるものではなく、むしろ有機農業はあまり環境に良くないのではないかという指摘もある）。

　また、農業生産者は、遺伝子組み換え作物を植えて、畑をラウンドアップ（除草剤）でビシャビシャにしているという噂も聞かされる。しかし、全米科学アカデミーは「除草剤耐性をもった遺伝子組み換え作物を採用した農業生産者は、これまで使用していたより毒性の強い除草剤に代わって、除草剤グリホサートを使用するようになることが多い」と報告している（米国学術研究会議などは、土壌の品質向上、土壌流失の低減、殺虫剤使用量の減少など、遺伝子組み換え作物がもたらす目覚ましい影響を列挙した報告書を発表しているのに、人々は、山ほどある良い影響の話は無視して、ちょっとした悪い知らせに飛びつこうとする）。

　遺伝子組み換え作物を使用することにより、私たちは、より毒性の低い農薬に切り替えることができ、その結果、環境に良い影響がもたらされているのだ。また、遺伝子組み換え作物の本当の収量を取り上げず、代わりに「憂慮する科学者同盟」は"固有収量"（intrinsic yield）という用語を用いて、遺伝子組み換え作物の誕生以来、固有収量はちっとも増えていないなどとうそぶく。固有収量などという概念にほとんど意味はなく、農地全体の合計の収量は大きく増加しているのだ。

　しかし、このような遺伝子組み換え作物を巡る、注目度は高いが、見苦しい論争がもたらした、最も破壊的な影響は、カリフォルニア大学の植物病理学教授のパメラ・ロナルド博士が書いている通りである。「遺伝子工学に対する反対の高まりによって、この技術は、膨大な開発費を負担することができる、一握りの種子会社の手に握りこまれてしまった。これによ

って市場の独占傾向は強まり、あまり大きな利益を生まない（あるいは利益の無い）種類の作物に、この技術を使用したいと考えているほかの企業や団体にとっては、手の届かないものとなってしまっている」。

　人々の目をそらそうとするからには、そこに何か理由があるのだ。肝心な問題を見えなくする意図があるのだ。めくらましではない、真実の情報を広める必要がある。科学がそれを提供してくれているのに、誰もが無視している。真実を伝えようとすると、商業主義の手先だとか、バイオ企業の回し者だとレッテル張りをされてしまう。イデオロギーの色眼鏡を通して、世界を見るのは、もう終わりにしよう。

選択

　この本を読むことができる私たちは、有機農業、従来型農業、GM農業から選択するというぜいたくが許されている。しかし、毎夜、おなかをすかせながら眠りにつく9億人以上の人々（うち1600万人が今年中に餓死すると推定される）には、そんなぜいたくは許されない。

　地球の人口の約半数は、栄養不良の状態にある。100～200万人（うち67万人が4歳未満）が、今年中にビタミンA欠乏症で死亡すると推定される。これらの人々を含む、さらに多くの人々が、生き延びるためだけでなく、自立して生きてゆくために、より栄養たっぷりの食品を必要としている。

　ビタミンA欠乏症で死んでゆく100～200万人の人々は、自分たちの命を救うことができる遺伝子組み換えゴールデンライスの普及を13年間にわたって阻止しているグリーンピースに対し、決して感謝することはないだろう。栄養豊かな食料を取り上げられたこれらの人々は、ゆっくりと苦しみながら死んでゆく。その後には、さらにお腹を空かせたたくさんの子供が生まれ、彼らもまた死んでゆく。こうした問題の解決は、倫理的に必要であるというだけでなく、人口増加の負荷も軽減する。（飢餓とビタミンA欠乏症に苦しんでいる人々がいるという現状を前にして、だからといって不健康

な食料を供給すべきではない、と言う人がある。そんなことを言う人は、明らかに、食べ物なしで数時間以上過ごしたことがない人だ。ましてや、人が餓死するまで数週間も飢えに苦しむことなど想像できまい。ビタミンA欠乏症で何年間も盲目を経験した後、しまいにはその半数が死に至ることを考えたことがあるだろうか。しかも、彼らの主張は、遺伝子組み換え食品は、健康的でなく、栄養価も高くないという誤った思い込みを前提としているのだ）

　もういい加減に、幻想の殻を破って、私たちの身の回りにある先進国以外の世界があることに気づこう。世界の現実に目を向けよう。問題は山積しており、われわれは今後、さまざまな難しい決断を迫られるだろう。遺伝子組み換え食品は、難しい決断を要する問題ではないはずだ。

　世論は反対の空気に溢れているが、科学界では、遺伝子組み換え技術の安全性やリスクに関する科学的合意が既に形成されている。全米科学アカデミーから英国王立協会に至るまで、ほぼすべての科学組織は、エビデンスを評価し、安全だという結論に達しているのだ。その主張を裏付ける査読付き研究報告は650点以上発表されており、うち3分の1は、企業の資金によらない独立の研究である。

　気候変動の問題については、ごく一握りの否定的研究を除き、ほとんどの科学者の言うことを私たちは信頼しているではないか。科学者たちは、気候変動の危険性を声高に叫び、方向転換するために残された時間はごくわずかだと訴え続けている。バイオテクノロジーが気候変動と同じぐらい危険であるのならば、一握りどころではない数の科学者が、はっきりと声をあげるのではないだろうか。なぜ、バイオテクノロジーに関しては、科学者を信頼しないのか。

　ゴールデンライスの開発者であり、発展途上国に対しては特許権を放棄してこの品種を提供するつもりであると公表していたインゴ・ポトルクス氏（Ingo Potrukus）は、遺伝子組み換え作物を悪者扱いしたがる食品運動を痛烈に批判し、次のように語っている。「私たちの社会が、遺伝子組み換え技術に対する偏見を拭い去ることができずに、これ以上無駄に時を失

うならば、歴史は、数百万人の人々の死と苦しみの責任を、私たちの社会に負わせるであろう。死んでゆくのは、貧しい国々の人々であり、過食と特権に溺れ、GMO 反対運動を生んだヨーロッパの人々ではない」。

　この問題を、実現不可能な仮定に基づいて解決しようとしても無駄である。よく聞くのが「私たちが無駄に捨てている食品廃棄物を減らせば、すべての人々に十分行き渡る」（貧しい人々に送り届けることができない）「もっとみんなが寄付をすれば、すべての人々が暮らせるようになる」「有機農業に転換すれば、すべての人々に食料を供給できる」（間違っている）などだ。

　こうした仮説の多くは間違っているか理想主義的であるだけでなく、大前提として、人間が合理的で、正しい情報に通じているという仮定に立っている。人々が誰しも、意図的に操作されていない、良質で、信頼性の高い、状況に即した情報を入手でき、かつ、それを受け入れることができると無条件に仮定しているのだ。そんなことが、近い将来、本当になると思っているのだろうか。

　ワクチンに反対する人々は、今も、自分の子供だけでなく、社会全体までも、危険にさらしている。気候変動否認論は、必要な対策を遅らせている。それなのに、おそらく最も重要である食の安全保障の問題に関してだけは、人々が突然理性を取り戻すとでも？

人々を変えるか、技術を開発するか。

　もっと簡単な言い方をすれば、次のようになる。それぞれの複雑性と相互関係性とを抱える数十億人の人々の心と頭を変えるのと、技術を開発して、直接影響を受けている人々のために解決策を生み出すのと、どちらが簡単であろうか。後者であれば、問題を直視しようとしない西洋の人々を煩わせたり、彼らに頼ったりする必要もない。

　気候変動関連の運動は、人々や政治家の認識を変えるのに、20 年以上にもわたって必死に取り組んできたが、効果はほとんどあがっていない。

食料についても同じような間違いを繰り返してはならない。10億人もの欧米人の消費習慣を変えるのは、たとえ可能だとしても、長い時間を要するであろうし、成功する保証もない。

　一方で、食の安全保障が確保されていない地域では、地球人口の半数に当たる人々が栄養不足で苦しみ、7分の1の人が飢餓に陥っている。そうした人々に、より少ない土地面積とコストで、より高い栄養価の食料を提供できる技術が、既に現実のものとなっているのだ。飢えを知らない反対論者が何と言おうと、その技術は、安全で、効果的で、予測可能である。真実に目を向けるべき時が来ている。何より、イデオロギーよりも、人間の命を尊重するべきではないのか。

　恵まれた生活に退屈し、罪悪感を覚えつつ、昼飯を食べそこなったとぼやいている西洋の活動家も、良かれと思ってのことであり、悪気があるわけではないのだろう。しかし、彼らが提案する解決策や誤った論理は、間違っているだけでなく、むしろ真逆の効果をもたらしているのだ。

　農業には、さまざまな問題が山積している。バイオテクノロジーに対する激しい反発は、これらの問題を冷静に考察し、議論し、解決策を見出し、そのための資金を集める邪魔立てをしている。バイオテクノロジーによって、すべての問題が解決するというつもりはないが、大きな力になることは確かだ。実際、バイオテクノロジー作物と有機栽培作物とを並行して育てることにより（"昆虫の避難所"と呼ばれる手法）、害虫が抵抗性を獲得するのを大幅に抑制することができ、作物の収量を最大化することができる。

　農業にとっての最も明るい未来は、かつてラメズ・ナム氏（Ramez Naam、マイクロソフトで活躍したエジプト生まれのコンピュータ科学者）が論じたように、有機農業とバイオテクノロジーという2つのシステムを並行して用いるというやり方で実現できるのかもしれない。

　近い将来、70億の人口を、さらには90〜100億を養わなければならなくなると予想されているわけだが、これは並大抵のことではないことを、私たちは認識しなければならない。

フェイスブック上の写真のキャプションに収まる類のスローガンは、何も解決しない。私は、5000語を費やしてこの章を書いているが、まだ問題の表面を引っ掻いた程度に過ぎない。この本全体では、4万語が語られているが、氷山の一角を削り取ったに過ぎない。
　モンサントや、合成農薬、グリホサートなどをこきおろしたり、トマトに注射針を刺すような馬鹿げた写真は、状況を全く踏まえていないだけでなく、私たちが本来話し合うべき重要な問題を見えなくしている。それ以前に、真っ赤な嘘なのだが（遺伝子組み換えに皮下注射器など使わない）。
　食料安全保障に少しでも貢献している科学者や農業生産者の中に、現在の農業は完全だとか、ひとつも問題がないなどと言っているものは誰もいない。しかし、大昔の農業、あるいは、ちょっと前の農業と比べても、格段の進歩を遂げていることは疑いようがない。そして、研究、科学、エビデンス、テクノロジーを通してしか、今日の問題を解決することはできない。
　さて、本著を通して、何がしかの真実を皆さんに伝えることができたなら幸いである。とりわけ、皆さんの不安を少しでも取り除くことができたのなら、これ以上の幸せはない。インターネット上に拡散している恐怖とパラノイアとヒステリーは、経験に基づく現実とはかけ離れたものである。それこそ、占星術と天文学、あるいは錬金術と化学ほどもかけ離れている。
　この点は、米国の天文学者のカール・セーガン氏が、彼らしい率直な言葉で言い表している。「近代科学の歩みは、未知への旅路であるが、一歩踏み出すごとに、人間は謙虚にならざるを得なかった。私たちの常識や直感はしばしば間違っており、私たちの好みなど真実の前には関係がなく、人間は特別確かな基準枠を授けられているわけではないことを思い知らされてきた」
　あなたが、遺伝子組み換え作物に対してどのような印象を抱いているにしろ、厳密な事実だけに基づいて、議論を行わなければ、私たちの失うものは大きい。遺伝子組み換え作物によってすべての問題が解決できるわけ

ではないが、イデオロギー的な理由に振り回されて、気候変動、食料安全保障（ひいては貧困）、水利用、保存期間といった問題を解決するために、手持ちの手段をすべて利用しないのであれば、私たちの食料システムは、脆弱化してしまうだろう。

〈遺伝子組み換え作物に関する基本データ〉

①作物バイオテクノロジーは、これまでのところ、農業史上、最も急速に普及したイノベーションである。栽培面積は、1996年の170万ヘクタールから、2012年には1億7000万ヘクタールに増加した。

②2012年の世界の遺伝子組み換え種子市場の規模は、148億4000万ドルである。

③バイオテクノロジーによって改良された作物の採用によって、化学殺虫剤の使用量が37％減少するとともに、農業生産者の利益が68％増加する。

④遺伝子組み換え作物の経済的利益は、1ヘクタール当たり平均117ドルであり、その大半が発展途上国の農業生産者のものになる。

⑤農業生産者は、遺伝子組み換え種子への投資1ドルに対し、平均で3.33ドルの収益をあげる。

⑥少なくとも、遺伝子組み換え成分を含む食事3兆食が既に消費された。

⑦作物バイオテクノロジーに害がないことを明らかにした査読付き科学研究は650件に及ぶ。そのうち3分の1は、独立的に資金を調達している（該当する科学研究の全リストは、ウェブサイトbiofortified.orgを参照）。

⑧遺伝子組み換え作物は、従来型農業と比べ、収量が平均7～22％高い。ちなみに、従来型農業は、有機農業と比べ、収量が平均20

〜35％高い。

⑨中国では、遺伝子組み換え作物により、収量が7％増加した。

⑩オーストラリアおよび中国では、遺伝子組み換え作物に用いる殺虫剤の使用量が80％減少した。

⑪バイオテクノロジーにより、1996年から2012年の間に、殺虫剤散布量が5億300万キログラム減少した。その結果、農業の環境影響指数（Environmental Impact Quotient）は18.3％減少した。

⑫作物バイオテクノロジーにより、過去15年間に、食糧生産量が3億1180万トン増加した。

⑬作物バイオテクノロジーにより、1億900万ヘクタールの農地の耕起が不要になった。

⑭農業分野ではバイオテクノロジーによって二酸化炭素が減少した。

⑮1996年から2007年にかけて、バイオテクノロジーにより、CO_2排出量は105億キログラム減少した。

⑯2012年において、大気へのCO_2排出量は、270億キログラム減少した。

〈各種機関の見解〉

全米科学アカデミー
National Academy of Sciences (NAS)

現在までの評価では、遺伝子工学を含む、あらゆる形態の遺伝子改変において、予想外の意図せざる組成変化が生じ得ることを示している。しかし、このような組成変化が健康に対して意図しない作用をもたらすかどうかは、変化した物質の性質やその化合物の生物学的影響に依存する。現在までのところ、遺伝子工学に起因する健康面での悪影響は、ヒトの集団においては確認されていない。

欧州委員会
European Commission (EC)

500以上の独立した研究グループが関与し、25年以上かけて実施されてきた、130件を超える研究プロジェクトから導き出された主たる結論は、バイオテクノロジー、具体的には遺伝子組み換え作物それ自体は、従来型の植物育種技術等と比べて危険性が高いということはない、というものである。

英国王立医学協会
Royal Society of Medicine

遺伝子組み換え作物由来食品は、過去15年以上にわたって世界中の数億人の人々に消費されてきたが、その消費者の多くが最も訴訟好きな国のひとつ、米国に在住しているにもかかわらず、悪影響（またはヒトの健康が関係する訴訟事件）は報告されていない。

世界保健機関
World Health Organization (WHO)

国際市場で現在市販されている遺伝子組み換え食品は、リスク評価に

合格しており、ヒトの健康にかかわるリスクがあるとは思われない。さらに、遺伝子組み換え食品が承認されている国々では、一般の人々によって当該食品が消費されているが、結果的に、ヒトの健康に及ぼす影響は確認されていない。

国際科学会議
International Council for Science

現在市販されている遺伝子組み換え食品、および、遺伝子組み換え食品に由来する食品は、食用に供しても安全であると判断されており、遺伝子組み換え食品を試験する方法も適切であると見なされている。

米国科学振興協会
American Association for the Advancement of Science

科学は、かなり明確なものである。最新のバイオテクノロジーの分子技術を用いた作物の改良は安全である。

米国医師会
American Medical Association（AMA）

遺伝子組み換え食品をひとつのクラスに分類し、それを特別にラベル表示することは、科学的正当性がない。自発的にラベル表示を行ったとしても、消費者に対する集中的な啓発が伴っていなければ価値がない。

米国細胞生物学会
American Society for Cell Biology

遺伝子組み換え作物は、人々の健康を脅かすものでは決してなく、多くの場合、人々の健康を向上させている。

ドイツ自然科学・人文科学アカデミー連合
Union of German Academies of Sciences and Humanities

EU および米国で承認されている遺伝子組み換え植物に由来する食品

を消費しても、従来の方法で栽培された植物に由来する食品を消費した場合と比べ、リスクが決して大きくなるわけではない。

フランス科学アカデミー
Académie des sciences

遺伝子組み換え作物に反対するすべての批判は、厳密な科学的基準に照らして、概ね否定できる。

米国微生物学会
American Society for Microbiology（ASM）

ASM は、バイオテクノロジーによってつくり出され、米国食品医薬品局が監視する食用農産物に関して、リスクが高い、あるいは安全でないとする容認可能な証拠は、一切承知していない。バイオテクノロジーによってつくり出された植物品種および生産物は、栄養価を高め、味を良くし、保存可能期間を延ばすことを、一般の人々に対して保証できると、当学会は十分に確信している。

国際アフリカ科学者会議
International Society of African Scientists

アフリカおよびカリブ海諸国は、この新たな農業革命を利用し、そのメリットを享受することから大きく取り残されるわけにはいかない。

〈執筆者プロフィール〉

I部

小島正美（こじま・まさみ）
1951年愛知県生まれ。愛知県立大学卒業後、毎日新聞社に入社。松本支局などを経て、東京本社・生活報道部に勤務。1997年から編集委員。食の安全、医療・健康問題を担当。東京理科大非常勤講師、内閣府・食育推進会議委員なども務める。著書に『メディアを読み解く力』（エネルギーフォーラム）など多数

II部

小泉望（こいずみ・のぞむ）
1963年生まれ。京都大学農学部卒。奈良先端科学技術大学院准教授を経て、現在、大阪府立大学教授。専門は応用生命科学

唐木英明（からき・ひであき）
1941年生まれ。東京大学農学部卒。東大農学部教授、日本学術会議副会長、倉敷芸術科学大学学長などを歴任。専門は薬理学、毒性学とリスクコミュニケーション

笹川由紀（ささかわ・ゆき）
1973年生まれ。茨城大学大学院理工学研究科自然機能科学専攻修了（修士）後、日本バイオ・ラッドラボラトリーズ株式会社、独立行政法人（現在・国立研究開発法人）農業生物資源研究所（遺伝子組換え研究推進室、広報室）を経て、2015年4月から、NPO法人「くらしとバイオプラザ21」主席研究員（生物科学博士）。専門は科学コミュニケーション

宮井能雅（みやい・よしまさ）
1958年生まれ。長沼町で大豆や小麦を栽培

小野寺靖（おのでら・やすし）
1961年生まれ。北海道農業大学校卒。北海道北見市で甜菜、バレイショ、ニンニクなどを栽培（約37ヘクタール）する

蒲生恵美（がもう・えみ）
1968年生まれ。慶応義塾大卒。食品安全のリスクコミュニケーションを主なテーマとして活動。内閣府食品安全委員会リスクコミュニケーション専門調査会専門委員、農林水産省JAS規格調査会専門委員、消費者庁栄養成分表示検討会委員、東京都食品安全情報評価委員会委員、伊藤ハム・地下水汚染事件調査対策委員の他、異物混入事案を受けた日本マクドナルドお客さま対応プロセス・タスクフォース委員などを務めた。遺伝子組み換え食品に関しては、国や自治体が実施するコミュニケーションなどで講師やコーディネーターを務める

森田満樹（もりた・まき）
1963年生まれ。九州大学農学部卒。消費生活コンサルタント。科学的な食情報などを発信する消費者団体「FOODCOMMUNICATION COMPASS（FOOCOM）」の事務局長

中島達雄（なかじま・たつお）
1968年生まれ。慶応義塾大学理工学部卒、東京大学大学院工学系研究科博士課程修了。博士（工学）。1992年に読売新聞東京本社入社、科学記者、米デューク大客員研究員を経て、現在ワシントン特派員。担当分野はバイオ、宇宙、原子力など科学全般

日比野守男（ひびの・もりお）
1949年生まれ。名古屋工大卒、同大学院修士課程修了（統計学・品質管理専攻）。中日

新聞東京本社（東京新聞）科学部、文化部、社会部、論説室などに勤務。この間、第25次南極観測隊に参加。米ジョージタウン大学ヘフルブライト留学。2015年まで東京医療保健大学・大学院教授。専門は社会保障制度論、科学技術論

平沢裕子（ひらさわ・ゆうこ）
1962年青森市生まれ。愛知県立大学外国語学部フランス語学科卒。出版社勤務を経て1991年産経新聞社入社。長野支局、東京本社社会部、大阪本社社会部などを経て、現在は東京本社文化部生活面記者。専門は医療・健康や食の安全など

米谷陽一（よねたに・よういち）
1976年富山県生まれ。大阪大学大学院国際公共政策研究科修了。2001年朝日新聞社入社。佐賀支局、熊本支局、西部本社経済部、東京本社経済部を経て、現在さいたま総局記者。東京経済部では厚生労働省（労働部門）や食品産業を担当

小田一仁（おだ・かずひと）
1967年生まれ。立命館大学卒。現在、時事通信社金融市場部に所属。石油や穀物などのコモディティー市場を主に取材する商品チームでデスクを担当

中野栄子（なかの・えいこ）
東京都出身、慶應義塾大学文学部心理学科卒、日経BP社入社後、『日経レストラン』副編集長、『Biotechnology Japan』副編集長などを経て、2003年から10年まで食の機能と安全を考える専門ウェブサイト「Food Science」発行責任者を務める。10年に日経BPコンサルティングに出向し、食・健康・医療分野のメディアプロデュースに従事

III部

アラン・マクヒューゲン（Alan McHughen）
公的研究機関の教育者、科学者、そして消費者活動家でもある。オックフォード大学で博士号を取得後、イェール大学、サスカチュワン大学を経て、現在はカリフォルニア大学リバーサイド校で教鞭を取っている。作物の改良及び環境持続可能性に関心を抱く分子遺伝学者として、米国およびカナダの遺伝子組み換え作物および食品の安全性にかかわる規制の立案に貢献した。また、全米科学アカデミーでは、遺伝子導入植物の環境影響を調査する委員会や遺伝子組み換え作物の安全性を調査する委員会のメンバーとして活動したほか、米国農業におけるバイオテクノロジーの持続可能性や経済的影響を調査する委員会の再調査も手伝ってきた。さらに、従来型育種法、遺伝子工学手法のいずれにおいても、商品作物品種を開発し、国際承認を受けた経験を有しており、規制する側・される側の両側において、技術、バイオセーフティ、政策にかかわる問題について直接の経験を有している。教育者および消費者の擁護者として、食糧生産の最新手法および伝統的方法の両方について、その環境・健康影響について、一般の人々に分かりやすく紹介している。受賞著書『パンドラのピクニックバスケット：遺伝子組み換え食品の可能性と危険性（Pandora's Picnic Basket; The Potential and Hazards of Genetically Modified Foods）』では、消費者向けの分かりやすい言葉を用いて、遺伝子組み換え技術に関する通説の誤りを正すとともに、その真のリスクについて詳述している。ごく最近は、米国国務省のジェファーソン・サイエンス・フェロー（Jefferson Science Fellow）、ならびに、ホワイトハウスのシニア政策アナリストを務めている。本章は、カナダのオンラインジャーナル（c2cジャーナル）のアラン氏の記事『遺伝子組み換え作

物なんか怖くない（Who's Afraid of the Big Bad GMO?）』に基づいている

フォーラット・ジャナビ（Fourat Janabi）
写真家である。ブログを主催し、『ランダムな合理性（Random Rationality）』『科学・統計・懐疑（S3：Science, Statistics and Skepticism）』といった書籍を発表している。彼のブログの URL は、RandomRationality.com である

ケビン・フォルタ（Kevin Folta）
フロリダ大学（University of Florida）園芸学部（Horticultural Science department）の准教授兼臨時学部長である。ゲノミクスに関する 2 冊の著作『遺伝学とゲノミクス（Genetics and Genomics）』（2009 年）『作物の遺伝学とゲノミクス（In Genetics and Genomics of Crop Plants）』（2011 年）を出版しているほか、70 点を上回る科学論文を共著者として一流ジャーナルに発表している。優れた科学コミュニケーターであり、インターネットを駆使して、遺伝子組み換え作物の科学にまつわる誤解を正すために取り組んでいる。一般の人々の懸念に応えるため、個人の電子メールアドレスを教えることも多い。また、自らのウェブサイト「イルミネーション（Illumination）」において、遺伝子組み換え作物に関する記事を頻繁に掲載している。言わば、科学の広報担当者なのである。2013 年 6 月、ケイトー研究所（CATO institute）が主催したフォーラムに参加し、将来の食糧生産におけるバイオテクノロジーの役割について論じた（代表的な反遺伝子組み換え作物活動家ジェフリー・スミス氏とジレス・セラリーニ氏は、彼の参加により、議論を辞退した）。ケビン氏は、イリノイ大学シカゴ校（University of Illinois in Chicago）において、分子生物学の博士号を取得している。また、学部生研究優秀メンター賞（Distinguished Mentor of Undergraduate Research）（2007 年）、全米科学財団キャリア賞（NSF CAREER award）（2008 年）、LA&S 最優秀卒業生賞（LA&S Golden Alumni Award）（2009 年）、財団研究教授（Foundation Research Professor）（2010 年）にも選ばれている

ブリアン・スコット（Brian Scott）
米国インディアナ州においてトウモロコシ、ダイズ、ポップコーン用トウモロコシ、小麦を栽培する農家 4 代目である。父親、祖父とともに農業を行っている。2003 年、パデュー大学（Purdue University）を土壌および作物管理の学位を取得して卒業。卒業間もなく、妻ニコレさん（Nicole）と結婚、息子がひとりいる。ブログ「The Farmer's Life（農業生産者の生活）」において、自分の農場での話を綴るとともに、農業問題について考察している

ニール・カーター（Neal Carter）
新しい果樹品種の育成を専門に行うバイオテクノロジー企業（オカナガン・スペシャリティ・フルーツ＝ Okanagan Specialty Fruits、略して OSF）の創設者であり、代表取締役である。妻ルイザは、カナダのブリティッシュコロンビア州の美しいオカナガン・ヴァレーの果樹園において、リンゴとサクランボを栽培し、パック詰めして出荷している。30 年以上にわたり、バイオリソース（生物資源）エンジニアとして世界中で働き、トウモロコシからマンゴまで、また、栽培・収穫から、パック詰め、貯蔵、加工、包装に至るまで、多種多様な作物やプロジェクトに関わってきた。こうした直接の経験を通じて、農業が拡大を続ける世界の食糧需要に対応していく上でバイオテクノロジーが役に立つと確信するようになった。バイオテクノロジーを利用して、果物消費量の増加と生産者の持続可能性の強化を図る機会を模索するため、1996 年

にOSFを設立した。会社の最重要プロジェクトは、褐変しないリンゴの開発である。遺伝子操作によってつくり出された、このリンゴは、ポリフェノール・オキシダーゼ（褐色を引き起こす酵素）を生産する遺伝子のサイレンシングによって、酵素的褐変が起きないように改変されている。アークティック・リンゴは、現在、カナダ、米国の両国において、承認審査のプロセスにあり、今後数年のうちには、食料品店で販売される予定である。

ジェイク・ラーギュー（Jake Leguee）

フィルモア（カナダ、サスカチュワン州）の西部で生産を行っている契約農場（Leguee Farms）の共同経営者である。同農場では、小麦、カノーラ（西洋ナタネ）、エンドウ、ダイズをはじめ、さまざまな種類の作物を栽培している。フィルモアにあるトップ・ノッチ・サプライ（Top Notch Farm Supply）という会社でセールスアグロノミスト（販売担当農学者）としても働いており、2010年にサスカチュワン大学を農学専門の学士号を取得して卒業している。農業生産者として、また農学者として、農業、そして、関連する科学とビジネスに強い興味と情熱を注いでいる。なお、本記事は、私個人の意見を記したものであり、農場や会社の意見や活動を表わすものでは一切ない

マイク・ベンジーラ（Mike Bendzela）

米国のサザンメイン大学（University of Southern Maine）の英語学の非常勤講師。作文、クリエイティブライティング（創作）、文学の入門コースを受け持っている。新入生が批判的思考能力を身に付けられるように授業を組み立てており、聖書批評、ダーウィン的思考史、食品や農業に関するコンテンポラリーライティングといったトピックを取り入れている。小説家としての経歴も持っており、文芸誌に短編を発表し、1993年にはプッシュカート賞（Pushcart Prize）を受賞している。執筆は1999年に断念したが、代わってアメリカのオールドタイム・スタイルのフィドル（バイオリン）とバンジョーの演奏を始め、スプルース・ルースター（Spruce Rooster）というバンドを率いて、定期的に演奏活動を行っている。また12年間にわたり、ボランティアで自分の住む町の救命士を務めていたが、フルタイムで農業を行うため、現在は休職している。28年来同居しているパートナーとともに地主と共同所有の零細な菜園・果樹園で地域密着型農業（CSA）を実践、地元の契約会員向けにさまざまな種類の作物を栽培している。日照が少なく、菌類が多いメイン州にて、リンゴの伝統品種の栽培を試みるほど有機農法の実践を思いとどまらせる条件はないということを学んだ

アナスタシア・ボドナー（Anastasia Bodnar）

医療品業界におけるマーケティングやビジネス開発、製品開発に25年を上回る経験を有しており、大小の医療品会社において、マーケティング、営業、臨床試験、製品開発などさまざまな職務に携わってきた。また、医療品業界の製造、販売の両分野において重役職を務めた経験もある。米国のトップレベルの研究大学において生物学の学士号を取得した後、米国の主要研究大学の大学院において生化学・内分泌学の学位を取得した。大学院での研究は、多国籍製薬企業で行った

マイケル・シンプソン（Michael Simpson）

医療業界におけるマーケティングやビジネス開発、製品開発に25年を上回る経験を有しており、大小の医療品会社において、マーケティング、営業、臨床試験、製品開発など様々な職務に携わってきた。また、医療品業界の製造、販売の両分野において重役職を務めた経験もある。米国のトップレベルの研究大学において生物学の学士号を取得した後、米国

の主要研究大学の大学院において生化学・内分泌学の学位を取得した。大学院での研究は、多国籍製薬企業で行った。

カミ・リアン（Cami Ryan）
サスカチュワン大学（カナダ）農業・生物資源学部（College of Agriculture and Bioresources）の研究員で、農業や科学について歯に衣を着せずに発言している。ツイッターや自身のブログを積極的に活用し、農業や食品関連の問題について活発に論じている

ラメズ・ナム（Ramez Naam）
コンピュータ科学者で、マイクロソフトに13年間勤めていた。3冊の著作があり、賞も受賞している。最新の著作『無限の資源：有限の地球におけるアイデアの力（The Infinite Resource：The Power of Ideas on a Finite Planet）』は、気候変動、世界人口への食料供給、ほかの多くの自然資源や環境に対する脅威といった真に困難な課題を克服する道筋を示したものである

ジュリーケイ（Julee K）
2012年9月に自身のブログ「Sleuth4Health」を始めたが、当初は、遺伝子組み換え作物反対の考えに凝り固まっていた。遺伝子組み換え食品が、招かれざる客のごとく食卓に紛れ込んでいるかもしれないことに憤慨し、バイオテクノロジーの危険性について、世界の人々を啓発しようとSleuth4Healthを始めたのである。文学士号を持ち、大学院において音楽と人文科学の研究を少し行ったが、科学に関する知識としては、地質学と天文学を合わせて4コマ取っただけであった。それでも、遺伝子組み換え反対運動の中に身を置き、そのレトリックに触れる中で、何かが嘘くさいという感覚が首をもたげた。ブログの名に恥じず、彼女は自分で探索を始めたのである。数カ月間、徹底的に調査を行った結果、明らかになったことは、彼女自身にとってすら全くの驚きであった。以来、その発見についてブログに熱狂的に書いている。音楽家および音楽教師が本業であるが、調査を続け、定期的にブログに投稿することによって、科学に関する自分の知識を深めたいと望んでいる

マーク・ブラジアウ（Marc Brazeau）
エッセイストであり、ウェブサイト「Food and Farm Discussion Lab（食料・農場議論ラボ）」の編集者であると同時に、同名のオンラインコミュニティーの創設者兼管理人である。科学、経済、政治、労働問題、農業、クッキング、栄養に対する興味と、シェフ、レストランオーナー、食糧安全保障に関する活動家、組合オルガナイザーとしてのこれまでの経歴とを組み合わせ、食品システムの問題について独自の見方を提示している。主要な関心事のひとつは、複雑な世界において、一般人が論争中の問題をどう理解したら良いかである。偏見や背後に動機を隠した論法が、議論や食品システムへの理解をいかにゆがめるかを明らかにすることが、彼の活動の中核をなす課題である。オレゴン州ポートランドに在住、同地で活動している

カビン・セナパシー（Kavin Senapathy）
ワシントンD.C.生まれ。現在、ウィスコンシン州マディソンに在住している。ゲノミクス・バイオインフォマティクスの研究開発会社に勤める一方、「考える親たち（Grounded Parents）」（Skepchickのサイトのひとつ）、「今週の擬似科学（This Week in Pseudoscience）」などのウェブサイトに寄稿している。遺伝学、ゲノミクス、バイオインフォマティクスにかかわるあらゆることを愛している。また、関心は、人間や農業分野にも広がっている。上記意見は、彼女独自のものであり、彼女の雇用主の考え方を反映したものではない

スティーブ・サバージ（Steve Savage）
農学科学者。32年以上にわたって農業技術に携わっている。当初は植物病理学者としての教育を受けたが、仕事を通じてほかの多くの分野に精通するとともに、多様な作物や地域についての経験を有する。ガーデニングが趣味で、25本のブドウの木からなる小さなブドウ園をもっており、収穫されるブドウで毎年ワインをつくっている。環境を破壊することなく、90～100億人の人々に食料を供給するという課題の解決に情熱を傾けている。また、その実現に当たっては技術が非常に大きな部分を占めると考えており、私たちの周囲において現在ますます高まっている反科学の風潮に深い懸念を感じている。彼は、コミュニケーションという点で科学者が十分な役割を果たしてこなかったと考えており、こうした問題に対処するため、ささやかながら尽力している

ケイス・クロー（Keith Kloor）
フリーのジャーナリストであり、ニューヨーク大学の非常勤教授としてジャーナリズムを担当している。また『Slate（スレート）』『Science（サイエンス）』『Discover（ディスカバー）』『Nature Climate Change（ネイチャー・クライメート・チェンジ）』『Archaeology（アーキオロジー）』『Audubon Magazine（オーデュボン・マガジン）』などの雑誌に記事を発表してきた。2000年から2008年にかけては『オーデュボン・マガジン（Audubon Magazine）』誌の編集主任を務め、08年から09年にかけては、フェローとして、コロラド大学の環境ジャーナリズムセンター（コロラド州ボールダー）に在籍した。『Discover』誌の彼のブログでは、保全生物学やバイオテクノロジーから気候変動や考古学まで、幅広いトピックを取り上げている

※本書の第Ⅲ部は、米国で発行された電子ブック『The Lowdwn on GMOs』を翻訳したものです。

誤解だらけの遺伝子組み換え作物

2015年9月5日　第一刷発行
2016年2月24日　第三刷発行

編著者　小島正美
発行者　志賀正利
発行所　株式会社エネルギーフォーラム
　　　　〒104-0061 東京都中央区銀座 5-13-3　電話 03-5565-3500
印　刷　錦明印刷株式会社
製　本　大口製本印刷株式会社
ブックデザイン　エネルギーフォーラム デザイン室

定価はカバーに表示してあります。落丁・乱丁の場合は送料小社負担でお取り替えいたします。

©Masami Kojima, Nozomu Koizumi, Hideaki Karaki, Yuki Sasakawa, Yoshimasa Miyai, Yasushi Onodera, Emi Gamo, Maki Morita, Tatsuo Nakajima, Morio Hibino, Yuko Hirasawa, Yoichi Yonetani, Kazuhito Oda, Eiko Nakano, Karl Haro von Mogel, Alan McHughen, Fourat Janabi, Brian Scott, Neal Carter, Jake Leguee, Mike Bendzela, Anastasia Bodnar, Michael Simpson, Cami Ryan, Ramez Naam, Julee K, Marc Brazeau, Kavin Senapathy, Steve Savage, Keith Kloor　2015, Printed in Japan　ISBN978-4-88555-455-1